Oskar Schlömilch

Analytische Studien: Theorie der Gammafunktionen

bremen
university
press

Oskar Schlömilch

Analytische Studien: Theorie der Gammafunktionen

ISBN/EAN: 9783955621261

Auflage: 1

Erscheinungsjahr: 2013

Erscheinungsort: Bremen, Deutschland

bremen
university
press

Analytische
STUDIEN

von

Dr. Oskar Schlömilch

ausserordentlichem Professor an der Universität zu Jena.

Erste Abtheilung

enthaltend

Theorie und Tafel der Gammafunktionen nebst deren wichtigsten Anwendungen.

Leipzig.

Verlag von Wilhelm Engelmann.

1848.

Inhalt zur ersten Abtheilung.

Theorie

der

Gammafunktionen.

Theorie der Gammafunktionen.

Unter der unendlichen Menge von Integralen, welche sich nicht durch die gewöhnlichen logarithmischen, trigonometrischen und cyklometrischen Funktionen ausdrücken lassen, findet sich eine grosse Reihe von solchen, deren Reduktion in letzter Instanz auf das bestimmte Integral

$$\int_0^1 (l\frac{1}{x})^{\mu-1} dx$$

führt, in welchem μ eine ganz beliebige Grösse bezeichnet. Da auch dieses Integral in vielen Fällen nicht anders als durch eine unendliche Reihe dargestellt werden kann, so bildet dasselbe eine eigne transscendente Funktion der Grösse μ, welche als ein neuer Grundpfeiler der Integralrechnung anzusehen ist. Soll aber die Einführung desselben von Nutzen sein, so wird es vor allen Dingen nöthig, die Eigenschaften jener Funktion in ihrem ganzen Umfange zu erforschen und die an derselben sich darbietenden Aufgaben zu lösen, mit einem Wort: es muss eine Theorie jener Transscendenten gegeben werden, zu welcher dann noch die Tafel ihrer Werthe für den praktischen Gebrauch hinzukommt. In dieser Weise hat zuerst Légendre*) die Sache aufgefasst und eine Lösung der angedeuteten Probleme versucht, aber soviel Scharfsinn er auch darauf verwendete, so ist es ihm doch nicht geglückt, seiner Arbeit das Siegel der Vollendung aufzudrücken und einen durchweg direkten Gedankengang zu entdecken. Seit jener Zeit ist nun von mehreren tüchtigen Analytikern so Vieles für die Erweiterung und bessere

---

*) Légendre: *Traité des fonctions elliptiques et des Intégrales Eulériennes tome II.*

Begründung der fraglichen Theorie gethan worden, dass eine neue Bearbeitung derselben ein Erforderniss des jetzigen Zustandes der Wissenschaft zu sein scheint.

Cap. I.

Die Fundamentaleigenschaften der Gammafunktionen.

§. 1.

Die Definition der Gammafunktion liegt in der Gleichung

$$\int_0^1 \left(l\frac{1}{x}\right)^{\mu-1} dx = \Gamma(\mu) \tag{1}$$

wobei rechts das Zeichen Γ die Stelle eines Funktionszeichens vertritt, statt deren man öfter auch eine andere, von dieser wesentlich nicht verschiedene giebt, welche man dadurch erhält, dass man in dem bestimmten Integrale $x = e^{-z}$ setzt. Durch diese Substitution wird

$$l\frac{1}{x} = z\,,\quad dx = -e^{-z}dz$$

und wenn x die Werthe 1 und 0 angenommen hat, ist $z=0$ und $z=\infty$ geworden, mithin

$$\int_0^1 \left(l\frac{1}{x}\right)^{\mu-1} dx = -\int_\infty^0 z^{\mu-1} e^{-z} dz = +\int_0^\infty z^{\mu-1} e^{-z} dz$$

oder, wenn man in dem bestimmten Integrale rechts x für z und für die linke Seite ihren Werth aus (1) setzt

$$\Gamma(\mu) = \int_0^\infty x^{\mu-1} e^{-x} dx\,. \tag{2}$$

Diese zweite Form der Definition unserer Transscendenten ist für manche Zwecke bequemer als die zuerst aufgestellte, namentlich kann man aus ihr mit der grössten Leichtigkeit eine Relation ableiten, welche zwischen $\Gamma(\mu)$ und $\Gamma(\mu+1)$ statt findet.

Man hat nämlich, $\mu+1$ für μ gesetzt,

$$\Gamma(\mu+1) = \int_0^\infty x^\mu e^{-x} dx\,. \tag{3}$$

Andererseits ist aber nach der bekannten Reduktionsformel

$$\int uv dx = u \int v dx - \int du \int v dx$$

für $u = x^{\mu}$, $v = e^{-x}$,

$$\int x^{\mu} e^{-x} dx = x^{\mu} \int e^{-x} dx - \int \mu x^{\mu-1} dx \cdot \int e^{-x} dx$$

$$= - x^{\mu} e^{-x} + \mu \int x^{\mu-1} e^{-x} dx + Const.$$

folglich wenn wir zu den Gränzen für wachsende und abnehmende x übergehen

$$\int_0^{\infty} x^{\mu} e^{-x} dx = - \underset{(x=\infty)}{Lim.} (x^{\mu} e^{-x}) + \underset{(x=0)}{Lim.} (x^{\mu} e^{-x}) + \mu \int_0^{\infty} x^{\mu-1} e^{-x} dx \qquad (4)$$

wobei sich das erste Gränzzeichen auf unendlich wachsende, das zweite auf unendlich abnehmende x bezieht. Zur Bestimmung der gesuchten Gränzen dienen nun folgende sehr einfache Betrachtungen.

Wenn n eine beliebige positive ganze Zahl bedeutet, so ist immer, wie man leicht aus der Reihe für e^{x} findet

$$e^{x} > \frac{x^{n}}{1 \,.\, 2 \,.\, 3 \ldots\ldots n}$$

folglich

$$\frac{e^{x}}{x^{\mu}} > \frac{x^{n-\mu}}{1 \,.\, 2 \,.\, 3 \ldots\ldots n}$$

und

$$\frac{x^{\mu}}{e^{x}} = x^{\mu} e^{-x} < \frac{1 \,.\, 2 \,.\, 3 \ldots\ldots n}{x^{n-\mu}}.$$

Da hier die Zahl n beliebig gelassen ist, so können wir dieselbe immer grösser als die Zahl μ nehmen, so dass $n-\mu$ positiv bleibt.

Wächst nun x beständig so nimmt der Quotient $\dfrac{1 \,.\, 2 \,.\, 3 \ldots n}{x^{n-\mu}}$ unaufhörlich bis zur Gränze Null ab, folglich nimmt auch $x^{\mu} e^{-x}$ ins Unendliche ab. Da aber dieser Ausdruck nicht negativ werden kann, da x nur positive Werthe bekommt, so folgt, dass für unendlich wachsende x

$$Lim. (x^{\mu} e^{-x}) = 0$$

sein müsse, und hiermit ist der Werth der ersten Limes in (3) bestimmt.

Setzen wir ferner voraus, dass μ eine positive Grösse bedeutet, so erhellt augenblicklich, dass für abnehmende x

$$Lim. (x^{\mu} e^{-x}) = 0$$

sein müsse. Durch Substitution dieser Werthe geht die Gleichung (3) in die folgende über:

$$\int_0^{\infty} x^{\mu} e^{-x} dx = \mu \int_0^{\infty} x^{\mu-1} e^{-x} dx$$

oder nach (1) und (2)

$$\Gamma(\mu + 1) = \mu \, \Gamma(\mu), \tag{5}$$

welche Relation aber nur für positive μ gilt.

Multiplicirt man beiderseits mit $\mu + 1$ und wendet links die Relation (5) selbst wieder für $\mu + 1$ statt μ an, so wird

$$\Gamma(\mu + 2) = (\mu + 1) \, \mu \, \Gamma(\mu).$$

Durch Multiplikation mit $\mu + 2$ erhält man hieraus

$$\Gamma(\mu + 3) = (\mu + 2)(\mu + 1) \, \mu \, \Gamma(\mu).$$

Setzt man dieses Verfahren der successiven Multiplikation unbestimmt weit fort, so erhält man leicht, wenn n eine positive ganze Zahl bedeutet

$$\Gamma(\mu + n) = (\mu + n - 1)(\mu + n - 2) \ldots (\mu + 1) \, \mu \, \Gamma(\mu). \tag{6}$$

Diese Gleichung enthält eines der wichtigsten Theoreme für die Gammafunktionen. Sehen wir sie nämlich als eine Reduktionsformel an, so geht aus ihr hervor, dass man die Werthe der Funktion Γ überhaupt nur von $\mu = 0$ bis $\mu = 1$ zu kennen braucht, weil sich alle die Werthe der Funktion in den Fällen, wo die Veränderliche ein unächter Bruch ist, leicht auf die Werthe solcher Funktionen reduziren lassen, in denen die Veränderliche ächt gebrochen ist. So wäre z. B. für $\mu = \frac{1}{2}$

$$\Gamma(n + \tfrac{1}{2}) = \frac{2n - 1}{2} \cdot \frac{2n - 3}{2} \cdot \;\ldots\; \cdot \frac{3}{2} \cdot \frac{1}{2} \, \Gamma(\tfrac{1}{2}). \tag{7}$$

Eine Tafel für die Gammafunktion braucht also nur die Werthe zu umfassen, welche dem Intervalle $\mu = 0$ bis $\mu = 1$ entsprechen.

Bei der Wichtigkeit des obigen Theoremes dürfte es wohl nicht überflüssig sein, noch einen zweiten, auf ganz andern Prinzipien beruhenden Beweis desselben zu geben. Setzt man in der Gleichung (3) $x = rz$, wobei r eine Constante, z die neue Veränderliche bedeutet, so wird $dx = rdz$, die Gränzen für z werden $\frac{\infty}{r}$ und $\frac{0}{r}$ d. h. wieder ∞ und 0, mithin ist:

$$\int_0^\infty (rz)^{\mu-1} e^{-rz}\, r\, dz = \Gamma(\mu)$$

oder nach Division mit r^μ,

$$\int_0^\infty z^{\mu-1} e^{-rz}\, dz = \frac{\Gamma(\mu)}{r^\mu}. \tag{8}$$

Aus dieser Gleichung folgt durch $n$malige partielle Differenziation nach r, *)

---

*) Die Differenziation unter dem Integralzeichen oder wie man sie auch nennt, die Variation der arbiträren Constanten eines bestimmten Integrales bildet überhaupt eines der vorzüglichsten Mittel um aus einem bestimmten Integrale andere Integrale abzuleiten und beruht auf folgenden Schlüssen. Sei

$$\int_a^b f(r, x)\, dx = \varphi(r) \tag{A}$$

so ist auch, wenn δ ein völlig willkührliches Inkrement des r bezeichnet und die Integrationsgränzen nicht von r abhängen

$$\int_a^b f(r+\delta, x)\, dx = \varphi(r+\delta).$$

Dividirt man die Differenz beider Gleichungen durch δ, was als constant für die Integration gilt, so wird

$$\int_a^b \frac{f(r+\delta, x) - f(r, x)}{\delta}\, dx = \frac{\varphi(r+\delta) - \varphi(r)}{\delta}$$

und hier kann man auf der linken Seite statt des Quotienten unter dem Integralzeichen auch $f'_r(r, x) + \varepsilon$ setzen, wobei $f'_r(r, x)$ den partiell nach r genommenen Differenzialquotienten und ε eine Grösse bezeichnet, welche so von δ abhängt, dass sie mit δ gleichzeitig bis zur Gränze Null abnimmt. Es wird dann

$$\int_a^b f'_r(r, x)\, dx + \int_a^b \varepsilon\, dx = \frac{\varphi(r+\delta) - \varphi(r)}{\delta}.$$

$$\int_0^\infty z^{\mu-1} \frac{d^n(e^{-rz})}{dr^n} dz = \Gamma(\mu) \frac{d^n(r^{-\mu})}{dr^n}$$

Findet nun der Fall statt, dass für unendlich klein werdende δ nicht nur $Lim.\ \varepsilon = 0$ sondern auch $Lim. \int_a^b \varepsilon\, dx = 0$ ist (was aus jener Eigenschaft des ε gar nicht folgt), so erhält man durch Uebergang zur Gränze für ein gegen die Null convergirendes δ

$$\int_a^b f'_r(r,x)\, dx = \varphi'(r) \text{ oder } \int_a^b \left[\frac{df(r,x)}{dr}\right] dx = \frac{d\varphi(r)}{dr} \qquad \text{(B)}$$

wobei die Klammern in der zweiten Form den Differenzialquotienten als einen partiellen bezeichnen. Die Differenziation der Gleichung (1) geschieht also auf der linken Seite unter dem Integralzeichen, wenn die vorhin ausgesprochene Bedingung erfüllt ist. — Dass übrigens zwar $Lim.\ \varepsilon = 0$, dagegen aber $Lim. \int_a^b \varepsilon\, dx$ von Null verschieden oder überhaupt gar nicht angebbar sein kann, sieht man leicht an Beispielen. Das einfachste der Art bietet der Fall dar, in welchem ε kein x enthält und $b = \infty$ ist; es wird dann jenes Integral $= \varepsilon(\infty - a)$ folglich sein Gränzwerth $= 0 . \infty$ und hiervon lässt sich der wahre Werth gar nicht angeben, oder er ist völlig willkührlich, weil der abnehmende Faktor ε und der zunehmende b von einander unabhängig sind. Das fragliche Produkt erhält erst dann eine bestimmte, mit Hülfe der Differenzialrechnung angebbare Bedeutung, wenn man ε und b als Funktionen einer dritten Grösse ansieht. Ein anderes Beispiel wäre etwa $f(r,x) = \frac{\sin rx}{x}$ mithin

$$\varphi(r) = \int_0^\infty \frac{\sin rx}{x} dx$$

woraus man nicht

$$\varphi'(r) = \int_0^\infty \cos rx\, dx$$

folgern darf. Nach dem Taylorschen Satze ist nämlich

$$F(r+x) = F(r) + \frac{x}{1} F'(r) + \frac{x^2}{1.2} F''(r + \lambda x)$$

wobei λ zwischen 0 und 1 liegt. Diess giebt in unserem Falle

$$\varepsilon = -\frac{\delta x}{2} \sin(rx + \lambda\delta x)$$

$$\int_0^\infty \varepsilon\, dx = -\frac{\delta}{2} \int_0^\infty x \sin(rx + \lambda\delta x)\, dx$$

und da das Integral rechts unendlich gross wird, so darf man die Variation nach r nicht ausführen wollen. — In der vorliegenden Schrift sind übrigens die Ausnahmefälle bemerkt, da sonst die Anwendung des bis zum zweiten Gliede genommenen Taylorschen Satzes hinreicht, um sich von der Rechtmässigkeit der Differenziation zu überzeugen.

oder

$$\int_0^\infty (-z)^n z^{\mu-1} e^{-rz} dz = \frac{(-1)^n \mu(\mu+1) \ldots . (\mu+n1)}{r^{\mu+n}} \Gamma(\mu)$$

oder

$$\int_0^\infty z^{\mu+n-1} e^{-rz} dz = \frac{\mu(\mu+1) \ldots .. (\mu+n-1)}{r^{\mu+n}} \Gamma(\mu). \tag{9}$$

Nach (8) ist aber $\mu+n$ für μ gesetzt

$$\int_0^\infty z^{\mu+n-1} e^{-rz} dz = \frac{\Gamma(\mu+n)}{r^{\mu+n}}.$$

Vergleichen wir Diess mit dem Vorigen, so ergiebt sich sofort

$$\Gamma(\mu+n) = \mu(\mu+1)(\mu+2) \ldots . (\mu+n-1)\Gamma(\mu) \tag{10}$$

und Diess ist das Nämliche wie die Gleichung (6).

Als spezieller Fall ist noch der Werth $\mu=1$ von Interesse. Man hat dann

$$\Gamma(1) = \int_0^\infty e^{-x} dx = -e^{-\infty} + e^0 = 1$$

folglich

$$\Gamma(n+1) = 1.2.3 \ldots . n$$

oder

$$\Gamma(n) = 1.2.3 \ldots . (n-1) \tag{11}$$

und nach (8)

$$\int_0^\infty z^{n-1} e^{-rz} dz = \frac{1.2.3 \ldots . (n-1)}{r^n}. \tag{12}$$

Man kann die Gleichungen (10) und (11) noch von einem anderen Gesichtspunkte aus betrachten, als es bisher geschah. Unter den verschiedenen Funktionen nämlich, welche man in den Kreis der Analysis gezogen hat, befindet sich auch die sogenannte Faktorielle oder Fakultät. Es ist diess eine Funktion zweier Veränderlichen, deren Definition durch die Gleichung

$$f(\mu, n) = \mu(\mu+1)(\mu+2) \ldots (\mu+n-1)$$

gegeben ist, wobei man μ die Grundzahl oder Wurzel, n den

Grad oder Exponenten der Fakultät nennen kann. Vergleichen wir die obige Definition mit der Gleichung (10), so folgt

$$f(\mu, n) = \frac{\Gamma(\mu+n)}{\Gamma(\mu)}.$$

Man sieht hieraus, dass durch eine Theorie der Gammafunktionen zugleich auch die Theorie der Fakultäten gegeben ist, indem beide mit einander auf das Innigste zusammenhängen.

§. 2.

Eine zweite, nicht minder wichtige Eigenschaft der Gammafunktionen ergiebt sich durch folgende Rechnung. Es ist, wenn wir in der Gleichung (8) $1+r$ für r und $\mu = p+q$ setzen

$$\int_0^\infty z^{p+q-1} e^{-(1+r)z} dz = \frac{\Gamma(p+q)}{(1+r)^{p+q}}$$

mithin durch beiderseitige Multiplikation mit $r^{p-1} dr$ und Integration nach r zwischen den Gränzen $r=0$ und $r=\infty$,

$$\int_0^\infty r^{p-1} dr \int_0^\infty z^{p+q-1} e^{-(1+r)z} dr = \Gamma(p+q) \int_0^\infty \frac{r^{p-1} dr}{(1+r)^{p+q}}. \quad (1)$$

Auf der linken Seite lässt sich aber die Ordnung der beiden Integrationen umkehren *); integriren wir daher zuerst nach r, so ergiebt sich für die linke Seite

$$\int_0^\infty z^{p+q-1} e^{-z} dz \int_0^\infty r^{p-1} e^{-zr} dr = \int_0^\infty z^{p+q-1} e^{-z} dz . \frac{\Gamma(p)}{z^p}$$

$$= \Gamma(p) \int_0^\infty z^{q-1} e^{-z} dz = \Gamma(p)\Gamma(q).$$

---

*) Die Befugniss dazu beruht auf folgenden Schlüssen.

Setzt man in der Gleichung (B) der vorigen Note für $\varphi(r)$ seinen Werth aus (A) so ist

$$\frac{d \int_a^b f(r, z, dz}{dr} = \int_a^b \frac{df(r, z)}{dr} dz$$

Wir haben mithin nach (1)

$$\Gamma(p)\,\Gamma(q) = \Gamma(p+q) \int_0^\infty \frac{r^{p-1}\,dr}{(1+r)^{p+q}} \tag{2}$$

---

folglich durch Multiplikation mit dr und Integration nach r zwischen den Gränzen $r=\alpha$, $r=\beta$

$$\int_a^b dx\,[f(\beta,x)-f(\alpha,x)] = \int_\alpha^\beta dr \int_a^b \frac{df(r,x)}{dr}\,dx. \tag{A}$$

Setzen wir

$$\frac{df(r,x)}{dr} = \varphi(r,x) \tag{B}$$

so wird

$$f(r,x) = \int \varphi(r,x)\,dr + Const.$$

folglich

$$f(\beta,x) - f(\alpha,x) = \int_\alpha^\beta \varphi(r,x)\,dr \tag{C}$$

Substituiren wir die Gleichungen (B) und (C) in (A) so wird

$$\int_a^b dx \int_\alpha^\beta \varphi(r,x)\,dr = \int_\alpha^\beta dr \int_a^b \varphi(r,x)\,dx$$

womit bewiesen ist, dass sich in einem bestimmten Doppelintegral die Ordnung der Integrationen umkehren lässt. Man darf jedoch nicht vergessen, dass hier die Gültigkeit der Differenziation nach r postulirt, also das Stattfinden der Gleichung

$$Lim. \int_a^b \varepsilon\,dx = 0 \tag{D}$$

vorausgesetzt worden ist, wobei

$$\varepsilon = \frac{f(r+\delta,x) - f(r,x)}{\delta} - f'_r(r,x)$$

war. Nach dem Taylorschen Satze kann man dafür auch

$$\frac{\delta}{2} f''_r(r+\lambda\delta, x)$$

oder wegen (B)

$$\varepsilon = \frac{\delta}{2}\varphi'_r(r+\lambda\delta, x)$$

schreiben. Die Bedingung (D) geht dann in die folgende über

$$Lim.\ \delta \int_a^b \varphi'_r(r+\lambda\delta, x)\,dx = 0$$

über, deren Stattfinden oder Nichtstattfinden meistens leicht zu entscheiden ist.

oder

$$\int_0^\infty \frac{r^{p-1}dr}{(1+r)^{p+q}} = \frac{\Gamma(p)\,\Gamma(q)}{\Gamma(p+q)} \tag{3}$$

eine sehr bemerkenswerthe Relation.

Das Integral auf der linken Seite lässt sich noch in eine andere Form bringen, wenn man es unter folgender Gestalt darstellt

$$\int_0^\infty \left(\frac{r}{1+r}\right)^{p-1} \frac{1}{(1+r)^{q-1}} \cdot \frac{dr}{(1+r)^2}$$

und nun $\frac{r}{1+r} = x$ setzt. Es folgt daraus $\frac{1}{1+r} = 1 - x$ und $dx = \frac{dr}{(1+r)^2}$; wenn ferner $r = \infty$ und $r = 0$ geworden ist, hat x die Werthe 1 und 0 angenommen, folglich geht das Integral über in

$$\int_0^1 x^{p-1}(1-x)^{q-1}dx$$

und es ist nach (3) auch

$$\int_0^1 x^{p-1}(1-x)^{q-1}\,dx = \frac{\Gamma(p)\,\Gamma(q)}{\Gamma(p+q)}. \tag{4}$$

Légendre nennt Integrale von der Form des vorstehenden Euler'sche Integrale erster Art, die Gammafunktionen dagegen Euler'sche Integrale zweiter Art; die obige Gleichung giebt also eine Reduktionsformel, durch welche die Integrale erster Art auf die der zweiten zurückgeführt werden, so dass es nur darauf ankommt, eine Theorie der letzteren zu entwickeln, wenn man die der ersten erhalten will *).

---

*) In seinen *Leçons de calcul différentiel et de calcul intégral tome II page* 82 sagt Moigno: »M. Légendre a désigné sous le nom d'intégrale Eulérienne de seconde espèce, et M. Binet a proposé de répresenter par la notation $B\ (a,\ b)$ l'intégrale définie $\int_0^1 x^{a-1}(1-x)^{b-1}dx$. Il existe une rélation remarquable entre cette intégrale et l'intégrale Eulérienne de première espèce $\Gamma(a) = \int_0^\infty x^{a-1} e^{-x} dx$. etc.« Hier verwechselt Moigno die beiden Arten mit einander; so wenig er indessen historisch Recht hat, so praktisch scheint seine

Aus der Gleichung (3) ist ersichtlich, dass man eine Relation zwischen drei Gammafunktionen erhalten könnte, wenn man für irgend welche Werthe von p und q im Stande wäre, den Werth des links stehenden Integrales unabhängig von der Theorie der Gammafunktionen selbst zu entwickeln. In der That ist diess in einem Falle möglich, wenn nämlich p und q sich zur Einheit ergänzen, wenn also etwa $p = \mu$, $q = 1 - \mu$ mithin $\Gamma(p+q) = \Gamma(1) = 1$ ist. Man hat dann

$$\Gamma(\mu)\,\Gamma(1-\mu) = \int_0^\infty \frac{x^{\mu-1}dx}{1+x} \tag{5}$$

und hier lässt sich der Werth des rechts stehenden Integrales auf folgende Weise finden.

Es ist zunächst:

$$\int_0^\infty \frac{x^{\mu-1}dx}{1+x} = \int_0^1 \frac{x^{\mu-1}dx}{1+x} + \int_1^\infty \frac{x^{\mu-1}dx}{1+x}.$$

Setzt man im ersten Integrale $x = z$, im zweiten $x = \frac{1}{z}$, so ändert sich das erste nicht, im zweiten dagegen ist $dx = -\frac{dz}{z^2}$ und $z = \frac{1}{x}$; wenn daher x die Werthe $x = \infty$ und $x = 1$ angenommen hat, ist entsprechend $z = 0$ und $z = 1$ geworden. Es wird daher

$$\int_0^\infty \frac{x^{\mu-1}dx}{1+x} = \int_0^1 \frac{z^{\mu-1}dz}{1+z} - \int_1^0 \frac{dz}{z^{\mu-1}\left(1+\frac{1}{z}\right)z^2}$$

$$= \int_0^1 \frac{z^{\mu-1}dz}{1+z} + \int_0^1 \frac{z^{-\mu}dz}{1+z}.$$

Nun besteht aber bekanntlich die identische Gleichung:

$$\frac{1}{1+z} = 1 - z + z^2 - z^3 + \ldots\ldots + (-1)^{n-1}z^{n-1} + \frac{(-1)^n z^n}{1+z}.$$

Terminologie zu sein; man steigt dabei vom Einfacheren zum Zusammengesetzteren auf und da es viele Fälle giebt, in welchen sich $B(a, b)$ durch elliptische Funktionen ausdrücken lässt, so gewinnt man auch von dieser Seite her, einen zwar untergeordneten, aber doch natürlichen Eingang in das Gebiet jener Transcendenten.

Substituiren wir dieselbe in jedem unserer Integrale, so erhalten wir leicht:

$$\int_0^\infty \frac{x^{\mu-1}dx}{1+x}$$

$$= \int_0^1 \left[1 - z + z^2 - z^3 + \dots\dots\dots + (-1)^{n-1} z^{n-1}\right] z^{\mu-1} dz$$

$$+ (-1)^n \int_0^1 \frac{z^{n+\mu-1}}{1+z} dz$$

$$+ \int_0^1 \left[1 - z + z^2 - z^3 + \dots\dots + (-1)^{n-1} z^{n-1}\right] z^{-\mu} dz$$

$$+ (-1)^n \int_0^1 \frac{z^{n-\mu}}{1+z} dz.$$

Ist nun μ ein positiver ächter Bruch, so findet sich hieraus

$$\int_0^\infty \frac{x^{\mu-1}dx}{1+x}$$

$$= \frac{1}{\mu} - \frac{1}{1+\mu} + \frac{1}{2+\mu} - \dots\dots + \frac{(-1)^{n-1}}{n-1+\mu}$$

$$+ \frac{1}{1-\mu} - \frac{1}{2-\mu} + \dots\dots + \frac{(-1)^{n-2}}{n-1-\mu}$$

$$+ \frac{(-1)^{n-1}}{n-\mu} + (-1)^n \int_0^1 \frac{z^{n+\mu-1}}{1+z} dz + (-1)^n \int_0^1 \frac{z^{n-\mu}}{1+z} dz$$

oder wenn man je zwei unter einander stehende Glieder vereinigt

$$\left.\begin{aligned} &\int_0^\infty \frac{x^{\mu-1}dx}{1+x} \\ &= \frac{1}{\mu} + \frac{2\mu}{1^2-\mu^2} - \frac{2\mu}{2^2-\mu^2} + \frac{2\mu}{3^2-\mu^2} - \dots + \frac{(-1)^{n-2}2\mu}{(n-1)^2-\mu^2} \\ &+ \frac{(-1)^{n-1}}{n-\mu} + (-1)^n \int_0^1 \frac{z^{n+\mu-1}}{1+z} dz + (-1)^n \int_0^1 \frac{z^{n-\mu}}{1+z} dz. \end{aligned}\right\} (6)$$

Da man hier die positive ganze Zahl n so gross nehmen darf, als man will, so kann man sie immer so nehmen, dass sie $> \mu$ also $n - \mu$, folglich ebenso $n+\mu-1$ positiv ist, wozu nur gehört, dass man n wenigstens $=1$ nehme. Dann stehen die beiden letzten Integrale unter der gemeinschaftlichen Form:

$$\int_0^1 \frac{z^m dz}{1+z}$$

worin m eine positive Grösse bezeichnet. Es ist nicht schwer, den Werth dieses Integrales in zwei Gränzen einzuschliessen, welche nicht mehr unter der Form von Integralen erscheinen. Wenn nämlich z das Intervall 0 bis 1 durchläuft, wie es durch die obige bestimmte Integration geboten wird, so nimmt der Bruch $\frac{1}{1+z}$ von $\frac{1}{1+0}$ an bis zu $\frac{1}{1+1}$ beständig ab und hat den Werth 1 zum Maximum dagegen den Werth $\frac{1}{2}$ zum Minimum. Es ist daher für das ganze Intervall der Integration

$$1-\frac{1}{1+z} \text{ positiv}, \quad \frac{1}{2}-\frac{1}{1+z} \text{ negativ.}$$

Mithin ist auch

$$\int_0^1 \left(1-\frac{1}{1+z}\right) z^m dz \text{ positiv}, \quad \int_0^1 \left(\frac{1}{2}-\frac{1}{1+z}\right) z^m dz \text{ negativ}$$

woraus man findet

$$\int_0^1 z^m dz > \int_0^1 \frac{z^m dz}{1+z}, \quad \int_0^1 \frac{1}{2} z^m dz < \int_0^1 \frac{z^m dz}{1+z}$$

oder

$$\frac{1}{m+1} > \int_0^1 \frac{z^m dz}{1+z} > \frac{1}{2(m+1)}.$$

Hieraus ist u. A. ersichtlich, dass das Integral in der Mitte für unbegränzt wachsende m sich der Null nähert, weil diess mit den beiden Grössen selbst der Fall ist, zwischen denen sein Werth liegt.

Dieses Resultat können wir für die Gleichung (6) benutzen, wenn wir in derselben die Zahl n, welche zugleich die Gliederanzahl der dort vorkommenden Reihe ist, ins Unendliche wachsen lassen wollen. Setzen wir nämlich erst $n+\mu-1$ und dann $n-\mu=m$, so ist in jedem Falle m eine Grösse, welche gleichzeitig mit n ins Unendliche wächst, und nach dem vorigen Satze nähern sich nun beide auf der rechten Seite in (6) vorkommende Integrale bei unendlich wachsenden n der Gränze Null. Ausserdem ist noch

$$Lim. \frac{1}{n-\mu} = 0$$

und die endliche $n$gliedrige Reihe wird jetzt zur unendlichen.

Wir erhalten mithin aus (6)

$$\int_0^\infty \frac{x^{\mu-1}dx}{1+x}$$

$$= \frac{1}{\mu} + \frac{2\mu}{1^2-\mu^2} - \frac{2\mu}{2^2-\mu^2} + \frac{2\mu}{3^2-\mu^2} - \ldots\ldots\ in\ inf.$$

Nach einem bekannten Satze ist aber die Summe der vorstehenden Reihe $= \pi\ Cosec\ \mu\pi$, mithin haben wir

$$\int_0^\infty \frac{x^{\mu-1}dx}{1+x} = \frac{\pi}{\sin \mu\pi}, 1 > \mu > 0, \tag{7}$$

und folglich nach (5)

$$\Gamma(\mu)\,\Gamma(1-\mu) = \frac{\pi}{\sin \mu\pi},\ 1 > \mu > 0. \tag{8}$$

Der Satz, welcher hierin ausgesprochen liegt, dass nämlich das Produkt zweier Gammafunktionen, deren Veränderliche sich zur Einheit ergänzen, durch eine trigonometrische Funktion ausgedrückt werden kann, ist einer der wichtigsten in unserer Theorie und reich an Folgerungen, von denen die folgenden unter die bemerkenswerthesten gehören.

Für $\mu = \frac{1}{2}$ ergiebt sich aus (8)

$$[\Gamma(\tfrac{1}{2})]^2 = \pi \text{ mithin } \Gamma(\tfrac{1}{2}) = \sqrt{\pi} \tag{9}$$

und nach (7)

$$\Gamma(n+\tfrac{1}{2}) = \frac{1.3.5\ldots\ldots(2n-1)}{2^n}\sqrt{\pi}. \tag{10}$$

Hiervon lassen sich sogleich Anwendungen machen. Setzt man z. B. in der Gleichung (4) $p = n + \frac{1}{2}$, $q = \frac{1}{2}$, so wird

$$\int_0^1 \frac{x^{n+\frac{1}{2}-1}}{\sqrt{1-x}}\,dx = \frac{\Gamma(n+\frac{1}{2})\,\Gamma(\frac{1}{2})}{\Gamma(n+1)} = \frac{1.3.5\ldots\ldots(2n-1)\sqrt{\pi}}{2^n.1.2.3\ldots\ldots n}\sqrt{\pi}$$

oder wenn man links $x = z^2$ setzt und mit 2 beiderseits dividirt

$$\int_0^1 \frac{z^{2n}dz}{\sqrt{1-z^2}} = \frac{1.3.5\ldots\ldots(2n-1)}{2.4.6\ldots.(2n)}\cdot\frac{\pi}{2}. \tag{11}$$

Setzt man dagegen in (4) $p = n+1$, $q = \frac{1}{2}$, so wird

$$\int_0^1 \frac{x^n dx}{\sqrt{1-x}} = \frac{\Gamma(n+1)\,\Gamma(\frac{1}{2})}{\Gamma(n+1+\frac{1}{2})} = \frac{2^{n+1}.1.2.3\ldots n.\sqrt{\pi}}{1.3.5\ldots\ldots(2n+1)\sqrt{\pi}}$$

und wenn man wieder $x = z^2$ setzt und mit 2 dividirt

$$\int_0^1 \frac{z^{2n+1}dz}{\sqrt{1-z^2}} = \frac{2.4.6\ldots\ldots(2n)}{3.5.7\ldots.(2n+1)}. \tag{12}$$

Die zwei auf diese Weise erhaltenen Formeln (11) und (12) lassen sich übrigens auch auf anderem Wege, namentlich durch Reduktionsformeln entwickeln.

§. 3.

Aus der Gleichung (6) kann man noch durch folgenden Kunstgriff eine interessante Eigenschaft der Gammafunktionen ableiten. Man setze der Reihe nach für μ die Brüche $\frac{1}{n}, \frac{2}{n}, \frac{3}{n}, \ldots\ldots \frac{n-1}{n}$, in denen n eine positive ganze Zahl bedeutet, so ist:

$$\Gamma\left(\frac{1}{n}\right)\Gamma\left(\frac{n-1}{n}\right) = \frac{\pi}{\sin\frac{1}{n}\pi}$$

$$\Gamma\left(\frac{2}{n}\right)\Gamma\left(\frac{n-2}{n}\right) = \frac{\pi}{\sin\frac{2}{n}\pi}$$

$$\Gamma\left(\frac{3}{n}\right)\Gamma\left(\frac{n-3}{n}\right)=\frac{\pi}{\sin\frac{3}{n}\pi}$$

. . . .

$$\Gamma\left(\frac{n-2}{n}\right)\Gamma\left(\frac{2}{n}\right)=\frac{\pi}{\sin\frac{n-2}{n}\pi}$$

$$\Gamma\left(\frac{n-1}{n}\right)\Gamma\left(\frac{1}{n}\right)=\frac{\pi}{\sin\frac{n-1}{n}\pi}\,.$$

Multiplizirt man alle diese Gleichungen mit einander, so ergiebt sich leicht durch die Bemerkung, dass die zweite Vertikalreihe links dieselbe ist wie die erste, nur in umgekehrter Ordnung geschrieben,

$$\left.\begin{aligned}&\left[\Gamma\left(\frac{1}{n}\right)\Gamma\left(\frac{2}{n}\right)\Gamma\left(\frac{3}{n}\right)\ldots\ldots\Gamma\left(\frac{n-2}{n}\right)\Gamma\left(\frac{n-1}{n}\right)\right]^2\\&=\frac{\pi^{n-1}}{\sin\frac{1}{n}\pi\,\sin\frac{2}{n}\pi\,\sin\frac{3}{n}\pi\ldots\ldots\sin\frac{n-2}{n}\pi\,\sin\frac{n-1}{n}\pi}\end{aligned}\right\}(1)$$

Es ist aber nicht schwer den Werth des im Nenner stehenden Produkts unabhängig von der Theorie der Gammafunktionen aufzufinden. Hierzu dient folgende Betrachtung.

Zuvörderst ist überhaupt

$$\sin\frac{m}{n}\pi=2\sin\frac{m}{2n}\pi\,\cos\frac{m}{2n}\pi=2\sin\frac{m}{2n}\pi\,\sin\frac{n-m}{2n}\pi.$$

Wenden wir diesen Satz für $m=1, 2, 3, \ldots n-1$ an und multipliziren alle so entstehenden Gleichungen, so wird

$$\sin\frac{1}{n}\pi\,\sin\frac{2}{n}\pi\,\sin\frac{3}{n}\pi\ldots\ldots\sin\frac{n-2}{n}\pi\,\sin\frac{n-1}{n}\pi$$

$$=2^{n-1}\sin\frac{1}{2n}\pi\,\sin\frac{2}{2n}\pi\,\sin\frac{3}{2n}\pi\ldots\sin\frac{n-2}{2n}\pi\,\sin\frac{n-1}{2n}\pi$$

$$\times\sin\frac{n-1}{2n}\pi\,\sin\frac{n-2}{2n}\pi\,\sin\frac{n-3}{2n}\pi\ldots\sin\frac{2}{n}\pi\,\sin\frac{1}{n}\pi$$

d. i.

$$\left.\begin{array}{l} sin \frac{1}{n}\pi \; sin \frac{2}{n}\pi \; sin \frac{3}{n}\pi \ldots\ldots sin \frac{n-2}{n}\pi \; sin \frac{n-1}{n}\pi \\ = 2^{n-1}\left\{sin \frac{1}{2n}\pi \; sin \frac{2}{2n}\pi \; sin \frac{3}{2n}\pi \ldots\ldots sin \frac{n-2}{2n}\pi \; sin \frac{n-1}{2n}\pi\right\}^2 \end{array}\right\} (2)$$

Es kommt also blos darauf an, den Werth des zweiten Produktes aufzufinden.

Nun hat man aber für jedes positive ganze und gerade m

$$sin\, m x$$

$$= cos\, x \left\{\frac{m}{1} sin\, x - \frac{m(m^2-2^2)}{1.2.3} sin^3 x + \frac{m(m^2-2^2)(m^2-4^2)}{1.2.3.4.5} sin^5 x - \ldots\right.$$

$$\left.\ldots + (-1)^{\frac{m}{2}+1} \frac{m(m^2-2^2)(m^2-4^2)\ldots(m^2-\overline{m-2}^2)}{1.2.3\ldots(m-1)} sin^{m-1} x\right\}$$

oder durch Multiplikation mit $\frac{(-1)^{\frac{m}{2}+1}}{sin\, x\, cos\, x}$ und umgekehrte Anordnung der Reihe

$$\frac{(-1)^{\frac{m}{2}+1} sin\, m x}{sin\, x\, cos\, x}$$

$$= \frac{m(m^2-2^2)(m^2-4^2)\ldots(m^2-\overline{m-2}^2)}{1.2.3\ldots(m-1)} sin^{m-2} x - \ldots$$

$$\ldots + (-1)^{\frac{m}{2}+2} \frac{m(m^2-2^2)}{1.2.3} sin^2 x + (-1)^{\frac{m}{2}+1} m.$$

Es ist ferner durch Zerlegung

$$\frac{m(m^2-2^2)(m^2-4^2)\ldots\ldots(m^2-\overline{m-2}^2)}{1.2.3\ldots(m-1)}$$

$$= \frac{m(m-2)(m+2)(m-4)(m+4)\ldots(m-\overline{m-2})(m+\overline{m-2})}{1.2.3\ldots(m-1)}$$

$$= \frac{(m-2)(m-4)(m-6)\ldots 4.2.m(m+2)(m+4)(m+6)\ldots(2m-2)}{1.2.3.\ldots\ldots(m-1)}$$

$$= \frac{2.4.6\ldots\ldots(m-2)m(m+2)\ldots\ldots(2m-2)}{1.2.3\ldots(m-1)} = 2^{m-1}$$

und diess ist der Coeffizient von $\sin^{m-2} x$ in der obigen Gleichung. Durch Division mit demselben geht sie in die folgende über

$$\sin^{m-2} x - A_{m-4} \sin^{m-4} x + A_{m-6} \sin^{m-6} x - \ldots$$

$$\ldots + (-1)^{\frac{m}{2}+2} A_2 \sin^2 x + \frac{(-1)^{\frac{m}{2}+1} m}{2^{m-1}}$$

$$= \frac{(-1)^{\frac{m}{2}+1}}{2^{m-1}} \frac{\sin m x}{\sin x \cos x},$$

worin A_{m-4}, A_{m-6}, ... A_2 zur Abkürzung für die Coeffizienten gebraucht worden sind. Die vorstehende Gleichung lässt sich aber auch als eine algebraische ansehen, in welcher $m-2$ der Grad und $\sin x$ die Unbekannte ist, wenn man nämlich die rechte Seite gleich Null setzt. Diess geschieht z. B. durch die Werthe

$$x = \frac{2\pi}{2m}, \frac{4\pi}{2m}, \frac{6\pi}{2m}, \ldots\ldots \frac{\overline{m-2}\,\pi}{2m}$$

$$-\frac{2\pi}{2m}, -\frac{4\pi}{2m}, -\frac{6\pi}{2m}, \ldots\ldots - \frac{\overline{m-2}\,\pi}{2m}$$

deren Anzahl $m-2$ beträgt. Für alle diese ist

$$\sin^{m-2} x - A_{m-4} \sin^{m-4} x + \ldots\ldots + \frac{(-1)^{\frac{m}{2}+1} m}{2^{m-1}} = 0 \tag{3}$$

und folglich sind mit anderen Worten die $m-2$ Grössen

$$\sin\frac{2\pi}{2m}, \sin\frac{4\pi}{2m}, \ldots\ldots \sin\frac{\overline{m-2}\,\pi}{2m},$$

$$-\sin\frac{2\pi}{2m}, -\sin\frac{4\pi}{2m}, \ldots\ldots - \sin\frac{\overline{m-2}\,\pi}{2m}$$

die $m-2$ Wurzeln der algebraischen Gleichung (3). Nach einem bekannten Satze von den Gleichungen ist nun das letzte Glied in (3) das Produkt aller Wurzeln, mithin weil rechts $\frac{m-2}{2}$ Faktoren negativ sind

$$\frac{(-1)^{\frac{m}{2}+1} m}{2^{m-1}}$$

$$= (-1)^{\frac{m-2}{2}} \left[sin \frac{2\pi}{2m} \; sin \frac{4\pi}{2m} \; sin \frac{6\pi}{2m} \; \ldots\ldots \; sin \frac{\overline{m-2}\,\pi}{2m}\right]^2.$$

Setzt man die gerade Zahl $m = 2n$ und bemerkt, dass $(-1)^{n+1} = (-1)^{n-1}$ ist, so ergiebt sich

$$\left[sin \frac{1}{2n}\pi \; sin \frac{2}{2n}\pi \; sin \frac{3}{2n}\pi \; \ldots\ldots \; sin \frac{n-2}{2n}\pi\right]^2 = \frac{n}{2^{2n-2}}$$

womit das fragliche Produkt in (2) gefunden ist. Man hat jetzt nach (2)

$$sin \frac{1}{n}\pi \; sin \frac{2}{n}\pi \; sin \frac{3}{n}\pi \; \ldots\ldots \; sin \frac{n-1}{n}\pi = \frac{n}{2^{n-1}}$$

und durch Substitution dieses Werthes in (1)

$$\Gamma\left(\frac{1}{n}\right) \Gamma\left(\frac{2}{n}\right) \Gamma\left(\frac{3}{n}\right) \ldots\ldots \Gamma\left(\frac{n-1}{n}\right) = \sqrt{\frac{(2\pi)^{n-1}}{n}} \qquad (4)$$

ein zuerst von Euler entdecktes Resultat.

Cap. II.

Die Addition und Multiplikation der Gammafunktionen.

§. 4.

Wenn eine Funktion ihrer Natur nach gegeben ist, so lässt sich immer folgende allgemeine Aufgabe stellen: es sei in $f(x)$ einmal $x = a$ und dann $x = b$, wie muss man nun die Grösse c wählen, damit

$f(c) = f(a) + f(b)$ werde? Diese Aufgabe, welche man die der Addition gegebener Funktionen nennt, kann bei manchen Funktionen auf grosse Schwierigkeiten führen, in so fern zur Bestimmung der Unbekannten c vielleicht höhere algebraische oder transscendente Gleichungen etc. aufgelöst werden müssen. Dagegen glückt es häufig, die gestellte Forderung zu erfüllen, wenn unter den gegebenen Grössen a, b, oder wie viel ihrer sonst sein mögen, eine bekannte Relation oder eine Rekursionsskale statt findet, und wenn ausserdem noch die Grössen $f(a)$, $f(b)$ etc. vor ihrer Addition mit gewissen constanten Coeffizienten multiplizirt werden. Das Binomialtheorem giebt hiervon einen einfachen Fall. Bezeichnen wir nämlich x^{μ} mit $f\,x, \mu)$, so ist im Allgemeinen die Summe der Reihe

$$A f(x, a) + B f(x, b) + C f(x, c) + \dots + N f(x, n)$$

nicht wieder durch die Funktion f darstellbar, so dass dieselbe etwa $= f(\xi, \alpha)$ wäre, worin ξ und α aus x und a, b, ... n zu bestimmen wären; in dem Falle aber, wo $a=0$, $b=1$, $c=2$, ... $n=n$, $A=1$, $B=\frac{n}{1}$, $C=\frac{n(n-1)}{1.2}$ etc. ist, hat man nach dem Binomialtheorem

$$f(1+x, n) = f(x, 0) + \frac{n}{1} f(x, 1) + \frac{n(n-1)}{1.2} f(x, 2) + \dots + f(x, n).$$

Es wäre nun zu versuchen, ob man nicht vielleicht in dieser Weise das Problem der Addition der Gammafunktionen lösen und für dieselben einen Satz aufstellen könnte, der hier den Platz ausfüllte, welchen in der Potenzentheorie das Binomialtheorem einnimmt. Es soll Diess durch die folgenden Untersuchungen geschehen.

Nach einem bekannten Satze ist für jeden beliebigen Bogen u und ein ungerades n

$$\cos nu$$

$$= \cos u \left[1 - \frac{n^2-1^2}{1.2} \sin^2 u + \frac{(n^2-1^2)(n^2-3^2)}{1.2.3.4} \sin^4 u - \dots\dots\right]$$

wobei die Reihe so weit fortgesetzt wird, bis sie von selbst abbricht. Nimmt man $u = \sqrt{-1}\, lx$, so wird

$$\cos n u = \frac{1}{2}\left(e^{nlx} + e^{-nlx}\right) = \frac{1}{2}\left(x^n + \frac{1}{x^n}\right)$$

$$\cos u = \frac{1}{2}\left(e^{lx} + e^{-lx}\right) = \frac{1}{2}\left(x + \frac{1}{x}\right)$$

$$\sin u = \frac{\sqrt{-1}}{2}\left(e^{lx} - e^{-lx}\right) = \frac{\sqrt{-1}}{2}\left(x - \frac{1}{x}\right).$$

Führt man diese Werthe ein und zerlegt zugleich die Differenzen $n^2 - 1^2$, $n^2 - 3^2$, etc. in Produkte, so ergiebt sich:

$$x^n + \frac{1}{x^n}$$

$$= \left(x + \frac{1}{x}\right)\left[1 + \frac{(n+1)(n-1)}{2.4}\left(x - \frac{1}{x}\right)^2 + \frac{(n+3)(n+1)(n-1)(n-3)}{2.4.6.8}\left(x - \frac{1}{x}\right)^4 + \ldots\right].$$

Setzt man die ungerade Zahl $n = 2m + 1$ und dividirt beiderseits mit x, so wird noch

$$x^{2m} + \frac{1}{x^{2m+2}}$$

$$= \left(1 + \frac{1}{x^2}\right)\left[1 + \frac{(m+1)m}{1.2}\left(x - \frac{1}{x}\right)^2 + \frac{(m+2)(m+1)m(m+1)}{1.2.3.4}\left(x - \frac{1}{x}\right)^4 + \ldots\right]$$

wo nun m jede beliebige positive Zahl bedeuten kann. Zugleich wollen wir zur Abkürzung:

$$M_0 = 1,\ M_2 = \frac{(m+1)m}{1.2},\ M_4 = \frac{(m+2)(m+1)m(m-1)}{1.2.3.4} \text{ etc.} \tag{1}$$

setzen, so dass

$$\left.\begin{aligned} & x^{2m} + \frac{1}{x^{2m+2}} \\ & = \left(1 + \frac{1}{x^2}\right)\left[M_0 + M_2\left(x - \frac{1}{x}\right)^2 + M_4\left(x - \frac{1}{x}\right)^4 + \ldots\ldots\right] \end{aligned}\right\} \tag{2}$$

ist. Diese Gleichung giebt, wenn man sie mit

$$\frac{dx}{\left(x^2+\frac{1}{x^2}\right)^{\mu+\frac{1}{2}}}$$

multiplizirt und zwischen den Gränzen $x=0$ und $x=1$ integrirt:

$$\left.\begin{array}{l}\displaystyle\int_0^1 \frac{x^{2m}dx}{\left(x^2+\frac{1}{x^2}\right)^{\mu+\frac{1}{2}}}+\int_0^1 \frac{dx}{x^{2m+2}\left(x^2+\frac{1}{x^2}\right)^{\mu+\frac{1}{2}}} \\ \displaystyle = M_0\int_0^1 \frac{\left(1+\frac{1}{x^2}\right)dx}{\left(x^2+\frac{1}{x^2}\right)^{\mu+\frac{1}{2}}}+M_2\int_0^1 \frac{\left(1+\frac{1}{x^2}\right)dx}{\left(x^2+\frac{1}{x^2}\right)^{\mu+\frac{1}{2}}}\left(x-\frac{1}{x}\right)^2 \\ \displaystyle +M_4\int_0^1 \frac{\left(1+\frac{1}{x^2}\right)dx}{\left(x^2+\frac{1}{x^2}\right)^{\mu+\frac{1}{2}}}\left(x-\frac{1}{x}\right)^4+M_6\int_0^1 \frac{\left(1-\frac{1}{x^2}\right)dx}{\left(x^2+\frac{1}{x^2}\right)^{\mu+\frac{1}{2}}}\left(x-\frac{1}{x}\right)^6+\ldots\end{array}\right\}(3)$$

Hier lassen sich nun die Werthe sämmtlicher Integrale nach einigen kleinen Reduktionen mit Hülfe der Gammafunktionen ausdrücken.

I. Setzt man in dem ersten Integrale links $x=y$, im zweiten $x=\frac{1}{y}$, so ändert sich das erste der Form nach nicht, für das zweite wird $dx=-\frac{dy}{y^2}$ folglich $\frac{dx}{x^{2m+2}}=-y^{2m}dy$; wenn ferner x die Werthe 0 und 1 angenommen hat, ist $y=\frac{1}{x}$ in ∞ und 1 übergegangen. Die linke Seite von (3) ist also

$$=\int_0^1 \frac{y^{2m}\,dy}{\left(y^2+\frac{1}{y^2}\right)^{\mu+\frac{1}{2}}}-\int_\infty^1 \frac{y^{2m}\,dy}{\left(\frac{1}{y^2}+y^2\right)^{\mu+\frac{1}{2}}}$$

$$=\int_0^1 \frac{y^{2m}\,dy}{\left(y^2+\frac{1}{y^2}\right)^{\mu+\frac{1}{2}}}+\int_1^\infty \frac{y^{2m}\,dy}{\left(y^2+\frac{1}{y^2}\right)^{\mu+\frac{1}{2}}}$$

Da hier beide Integrale die nämliche Differenzialformel enthalten und nur in den Gränzen verschieden sind, so kann man sie nach dem Satze

$$\int_a^b f(y)\,dy + \int_b^c f(y)\,dy = \int_a^c f(y)\,dy$$

in ein einziges zusammenziehen, nämlich in das folgende:

$$\int_0^\infty \frac{y^{2m}\,dy}{\left(y^2+\frac{1}{y^2}\right)^{\mu+\frac{1}{2}}} = \int_0^\infty \frac{y^{2\mu+2m+1}\,dy}{(y^4+1)^{\mu+\frac{1}{2}}}$$

$$= \frac{1}{4}\int_0^\infty \frac{y^{2\mu+2m-2}\,4y^3\,dy}{(1+y^4)^{\mu+\frac{1}{2}}}.$$

Setzen wir noch $y^4 = r$, also $4y^3\,dy = dr$ und $y = r^{\frac{1}{4}}$, so geht unser Integral über in

$$\frac{1}{4}\int_0^\infty \frac{r^{\frac{1}{2}(\mu+m-1)}\,dr}{(1+r)^{\mu+\frac{1}{2}}}$$

dessen Werth sich nach Formel (3) §. 2 ermitteln lässt, wenn man dort $p-1 = \frac{1}{2}(\mu+m-1)$, $p+q = \mu+\frac{1}{2}$ folglich $p = \frac{\mu+m+1}{2}$ und $q = \frac{\mu-m}{2}$ setzt. Man erhält so:

$$\frac{1}{4}\cdot\frac{\Gamma\left(\frac{\mu+m+1}{2}\right)\,\Gamma\left(\frac{\mu-m}{2}\right)}{\Gamma\left(\mu+\frac{1}{2}\right)} \tag{4}$$

als Werth der linken Seite in (3).

II. Die Integrale auf der rechten Seite in (3) stehen sämmtlich unter der folgenden allgemeinen Form:

$$\int_0^1 \frac{\left(1+\frac{1}{x^2}\right)dx}{\left(x^2+\frac{1}{x^2}\right)^{\mu+\frac{1}{2}}}\left(x-\frac{1}{x}\right)^{2n} = \int_0^1 \frac{\left(1+\frac{1}{x^2}\right)dx}{\left[2+\left(\frac{1}{x}-x\right)^2\right]^{\mu+\frac{1}{2}}}\left(\frac{1}{x}-x\right)^{2n}$$

aus welcher man sie erhält, wenn man der Reihe nach $n=0, 1, 2, 3$ etc. setzt. Nimmt man noch $\frac{1}{x}-x=z$, so wird $-\frac{dx}{x^2}-dx=dz$ oder $\left(1+\frac{1}{x^2}\right)dx=-dz$; wenn ferner x die Werthe 1 und 0 angenommen hat, ist entsprechend $z=0$ und $z=\infty$ geworden. Durch diese Substitutionen nimmt unser Integral die folgende Form an:

$$-\int_\infty^0 \frac{dz}{(2+z^2)^{\mu+\frac{1}{2}}}z^{2n} = +\int_0^\infty \frac{z^{2n}\,dz}{(2+z^2)^{\mu+\frac{1}{2}}}$$

aus welcher für $z=\sqrt{2r}$ entspringt

$$\frac{2^n}{2^{\mu+1}}\int_0^\infty \frac{r^{n-\frac{1}{2}}\,dr}{(1+r)^{\mu+\frac{1}{2}}}$$

d. i. nach Formel (3) §. 2 für $p-1=n-\frac{1}{2}$, $p+q=\mu+\frac{1}{2}$ also $p=n+\frac{1}{2}$ und $q=\mu-n$

$$\frac{2^n}{2^{\mu+1}}\cdot\frac{\Gamma(n+\frac{1}{2})\,\Gamma(\mu-n)}{\Gamma(\mu+\frac{1}{2})}.$$

Nehmen wir hierin $n=0, 1, 2, 3$ ..... etc. so erhalten wir die Werthe der einzelnen in (3) auf der rechten Seite vorkommenden Integrale; setzen wir auch für die linke Seite ihren unter Nr. (4) gefundenen Werth, so ist jetzt nach beiderseitiger Hebung mit $\Gamma(\mu+\frac{1}{2})$,

$$\frac{1}{4}\,\Gamma\left(\frac{\mu+m+1}{2}\right)\,\Gamma\left(\frac{\mu-m}{2}\right)$$

$$=\frac{1}{2^{\mu+1}}\left[M_0\,\Gamma(\tfrac{1}{2})\Gamma(\mu)+M_2\,2^1\,\Gamma(\tfrac{3}{2})\Gamma(\mu-1)+M_4\,2^2\,\Gamma(\tfrac{5}{2})\Gamma(\mu-2)+\ldots\right].$$

Führt man die Werthe von M_0, M_2, M_4 etc. aus der Gleichung (1) wieder ein und erinnert sich, dass

$$\Gamma(\tfrac{1}{2}) = \sqrt{\pi},\ \Gamma(\tfrac{3}{2}) = \tfrac{1}{2}\sqrt{\pi},\ \Gamma(\tfrac{5}{2}) = \frac{1.3}{2^2}\sqrt{\pi} \text{ etc.}$$

ist, so erhält man nach beiderseitiger Multiplikation mit $\frac{2^{\mu+1}}{\sqrt{\pi}}$ das Resultat in folgender Gestalt:

$$\left.\begin{aligned}&\frac{2^{\mu-1}}{\sqrt{\pi}}\,\Gamma\left(\frac{\mu+m+1}{2}\right)\Gamma\left(\frac{\mu-m}{2}\right)\\ &= \Gamma(\mu) + \frac{(m+1)m}{2}\Gamma(\mu-1) + \frac{(m+2)(m+1)m(m-1)}{2.4}\Gamma(\mu-2) + \ldots.\end{aligned}\right\} \quad (5)$$

Will man Gammafunktionen ausschliessen, deren Veränderliche negativ ist, so muss man $\mu > m$ nehmen. Es wird dann auch auf der rechten Seite keine der Grössen $\mu-1$, $\mu-2$, ... etc. negativ, weil die Reihe mit dem Gliede

$$\frac{(m+m)(m+m-1)\ldots.(m-\overline{m-1})}{2.4.6\ldots.(2m)}\Gamma(\mu-m)$$

abbricht, indem die darauf folgenden den Faktor $m-m<0$ enthalten.

Als spezieller Fall ist der Werth $m=0$ von Interesse. Man findet nämlich

$$\frac{2^{\mu-1}}{\sqrt{\pi}}\,\Gamma\left(\frac{\mu+1}{2}\right)\Gamma\left(\frac{\mu}{2}\right) = \Gamma(\mu)$$

oder 2μ für μ gesetzt

$$\Gamma(\mu)\,\Gamma(\mu+\tfrac{1}{2}) = \frac{\sqrt{\pi}}{2^{\mu-1}}\Gamma(2\mu). \quad (6)$$

Dividirt man mit beiden Seiten in $\overline{\Gamma(\mu)}^2$ so erhält man noch

$$\frac{\Gamma(\mu)}{\Gamma(\mu+\frac{1}{2})} = \frac{2^{\mu-1}}{\sqrt{\pi}}\cdot\frac{\overline{\Gamma(\mu)}^2}{\Gamma(2\mu)} \quad (7)$$

wovon wir nachher Gebrauch machen werden.

§. 5.

Es lässt sich durch ein Verfahren, das mit dem im vorigen Paragraphen benutzten viel Aehnlichkeit hat, leicht noch ein zweites Theorem über die Gammafunktionen ableiten, welches im Allgemeinen von der Form des in Nr. (5) ist, nur mit dem Unterschiede, dass rechts statt der einzelnen Funktionen $\Gamma(\mu)$, $\Gamma(\mu-1)$ etc. die Quotienten je zweier Funktionen stehen, in denen die Veränderlichen jedesmal um den Bruch $\frac{1}{2}$ differiren.

Man hat bekanntlich für jede ungerade Zahl n und einen beliebigen Bogen u die Gleichung:

$$(-1)^{\frac{n-1}{2}} \cos nu$$

$$= \frac{n}{1} \cos u - \frac{n(n^2-1^2)}{1.2.3} \cos^3 u + \frac{n(n^2-1^2)(n^2-3^2)}{1.2.3.4.5} \cos^5 u - \ldots.$$

oder

$$\frac{(-1)^{\frac{n-1}{2}}}{n} \cos n u$$

$$= \cos u - \frac{(n+1)(n-1)}{2.3} \cos^3 u + \frac{(n+3)(n+1)(n-1)(n-3)}{2.3.4.5} \cos^5 u - \ldots$$

Setzt man hierin $u = \sqrt{-1}\, lx$ und $n = 2m+1$, wo nun m jede beliebige positive ganze Zahl bedeuten kann, so erhält man leicht

$$\frac{(-1)^m}{2m+1}\left[x^{2m+1} + \frac{1}{x^{2m+1}}\right]$$

$$= \left(x+\frac{1}{x}\right) - \frac{(m+1)m}{2.3}\left(x+\frac{1}{x}\right)^3 + \frac{(m+2)(m+1)m(m-1)}{2.3.4.5}\left(x+\frac{1}{x}\right)^5 - \ldots.$$

Setzen wir noch zur Abkürzung

$$M_1 = 1,\; M_3 = \frac{(m+1)m}{2.3},\; M_5 = \frac{(m+2)(m+1)m(m-1)}{2.3.4.5},\; \ldots. \qquad (1)$$

und dividiren in jener Gleichung durchgängig mit x, so erhalten wir Folgendes:

$$\frac{(-1)^m}{2m+1}\left[x^{2m}+\frac{1}{x^{2m+2}}\right]$$

$$=\left(1+\frac{1}{x^2}\right)\left[M_1-M_3\left(x+\frac{1}{x}\right)^2+M_5\left(x+\frac{1}{x}\right)^4-\ldots\ldots\ldots\right].$$

Diese Gleichung werde nun mit

$$\frac{dx}{\left(x+\frac{1}{x}\right)^{2\mu+1}}$$

multiplizirt und darauf zwischen den Gränzen $x=0$ und $x=1$ integrirt. Es ist dann

$$\left.\begin{aligned}
&\frac{(-1)^m}{2m+1}\left[\int_0^1\frac{x^{2m}dx}{\left(x+\frac{1}{x}\right)^{2\mu+1}}+\int_0^1\frac{dx}{x^{2m+2}\left(x+\frac{1}{x}\right)^{2\mu+1}}\right]\\
&=M_1\int_0^1\frac{\left(1+\frac{1}{x^2}\right)dx}{\left(x+\frac{1}{x}\right)^{2\mu+1}}-M_3\int_0^1\frac{\left(1+\frac{1}{x^2}\right)dx}{\left(x+\frac{1}{x}\right)^{2\mu+1}}\left(x+\frac{1}{x}\right)^2\\
&+M_5\int_0^1\frac{\left(1+\frac{1}{x^2}\right)dx}{\left(x+\frac{1}{x}\right)^{2\mu+1}}\left(x+\frac{1}{x}\right)^4-M_7\int_0^1\frac{\left(1+\frac{1}{x^2}\right)dx}{\left(x+\frac{1}{x}\right)^{2\mu+1}}\left(x+\frac{1}{x}\right)^6+\ldots
\end{aligned}\right\}\quad(2)$$

und hierin lassen sich die Werthe sämmtlicher Integrale nach einigen Reduktionen mit Hülfe der Gammafunktionen angeben.

I. Setzt man in dem ersten Integrale links $x=y$, im zweiten $x=\frac{1}{y}$, so ändert jenes seine Form nicht, dagegen wird für dieses $dx=-\frac{dy}{y^2}$ und wenn x die Werthe 0 und 1 angenommen hat, ist $y=\frac{1}{x}$ in ∞ und 1 übergegangen. Die beiden in Parenthese stehenden Integrale sind demnach:

$$= \int_0^1 \frac{y^{2m}\,dy}{\left(y+\frac{1}{y}\right)^{2\mu+1}} - \int_\infty^1 \frac{y^{2m}\,dy}{\left(\frac{1}{y}+y\right)^{2\mu+1}}$$

$$= \int_0^1 \frac{y^{2m}\,dy}{\left(y+\frac{1}{y}\right)^{2\mu+1}} + \int_1^\infty \frac{y^{2m}\,dy}{\left(y+\frac{1}{y}\right)^{2\mu+1}}$$

oder wenn man beide Integrale in ein einziges zusammenzieht

$$= \int_0^\infty \frac{y^{2m}\,dy}{\left(y+\frac{1}{y}\right)^{2\mu+1}} = \int_0^\infty \frac{y^{2\mu+2m+1}\,dy}{(y^2+1)^{2\mu+1}}$$

$$= \frac{1}{2} \int_0^\infty \frac{y^{2\mu+2m}\,2y\,dy}{(1+y^2)^{2\mu+1}}.$$

Setzt man noch $y^2 = r$, wodurch sich die Gränzen nicht ändern und $2y\,dy = r$ wird, so geht das Integral über in

$$\frac{1}{2}\int_0^\infty \frac{r^{\mu+m}\,dr}{(1+r)^{2\mu+1}} = \frac{1}{2}\cdot\frac{\Gamma(\mu+m+1)\,\Gamma(\mu-m)}{\Gamma(2\mu+1)}$$

wie man leicht aus der Gleichung (3) in §. 2 für $p-1=\mu+m$ und $p+q=2\mu+1$ findet. Die linke Seite der Gleichung (2) hat demnach den Werth:

$$\frac{(-1)^m}{2m+1}\cdot\frac{1}{2}\;\frac{\Gamma(\mu+m+1)\,\Gamma(\mu-m)}{\Gamma(2\mu+1)}. \qquad (3)$$

II. Die Integrale auf der rechten Seite der Gleichung (2) stehen unter der gemeinschaftlichen Form:

$$\int_0^1 \frac{\left(1+\frac{1}{x^2}\right)dx}{\left(x+\frac{1}{x}\right)^{2\mu+1}}\left(x+\frac{1}{x}\right)^{2n} = \int_0^1 \frac{\left(1+\frac{1}{x^2}\right)dx}{\left(x+\frac{1}{x}\right)^{2\mu-2n+1}}$$

aus welcher sie der Reihe nach für $n=0, 1, 2, ..$ hervorgehen. Bemerkt man noch, dass $\left(x+\frac{1}{x}\right)^2 = 4 + \left(x-\frac{1}{x}\right)^2$ mithin $x+\frac{1}{x}$ $= \left[4 + \left(x-\frac{1}{x}\right)^2\right]^{\frac{1}{2}}$ ist, so kann man das obige Integral auch in folgender Form darstellen:

$$\int_0^1 \frac{\left(1+\frac{1}{x^2}\right)dx}{\left[4+\left(x-\frac{1}{x}\right)^2\right]^{\mu-n+\frac{1}{2}}}$$

Setzt man hier $\frac{1}{x} - x = z$, so wird $\left(1+\frac{1}{x^2}\right) dx = - dz$, und wenn x die Werthe 1 und 0 angenommen hat, ist entsprechend $z=0$ und $z=\infty$ geworden. Durch diese Substitution geht das Integral über in:

$$-\int_\infty^0 \frac{dz}{(4+z^2)^{\mu-n+\frac{1}{2}}} = \int_0^\infty \frac{dz}{(4+z^2)^{\mu-n+\frac{1}{2}}}$$

woraus sich für $z=2\sqrt{r}$ ergiebt

$$\frac{1}{4^{\mu-n+\frac{1}{2}}} \int_0^\infty \frac{r^{\frac{1}{2}-1}\,dr}{(1+r)^{\mu-n+\frac{1}{2}}} = \frac{2^{2n}}{2^{2\mu+1}} \cdot \frac{\Gamma(\frac{1}{2})\,\Gamma(\mu-n)}{\Gamma(\mu-n+\frac{1}{2})}. \tag{4}$$

Setzt man nun für die linke Seite in (2) ihren Werth aus (3) und in dem vorliegenden Integrale der Reihe nach $n=0, 1, 2, 3, \ldots$ so hat man

$$\frac{(-1)^m}{2m+1} \cdot \frac{1}{2} \frac{\Gamma(\mu+m+1)\,\Gamma(\mu-m)}{\Gamma(2\mu+1)}$$

$$= \frac{\sqrt{\pi}}{2^{2\mu+1}} \left[M_1 \frac{\Gamma(\mu)}{\Gamma(\mu+\frac{1}{2})} - M_2 \frac{2^2\,\Gamma(\mu-1)}{\Gamma(\mu-1+\frac{1}{2})} + M_3 \frac{2^4\,\Gamma(\mu-2)}{\Gamma(\mu-2+\frac{1}{2})} - \ldots\ldots\right]$$

oder vermöge der Werthe von M_1, M_2, M_3 ... etc. in (1)

$$\left.\begin{aligned}&\frac{(-1)^m 2^{2\mu}}{(2m+1)\sqrt{\pi}}\cdot\frac{\Gamma(\mu+m+1)\,\Gamma(\mu-m)}{\Gamma(2\mu+1)}\\ &=\frac{\Gamma(\mu)}{\Gamma(\mu+\frac{1}{2})}-\frac{(m+1)\,m}{2\,.\,3}\cdot\frac{2^2\,\Gamma(\mu-1)}{\Gamma(\mu-1+\frac{1}{2})}\\ &+\frac{(m+2)(m+1)\,m\,(m-1)}{2\,.\,3\,.\,4\,.\,5}\cdot\frac{2^4\,\Gamma(\mu-2)}{\Gamma(\mu-2+\frac{1}{2})}-\ldots\end{aligned}\right\}(5)$$

wobei noch $\mu > m$ sein muss, wenn man solche Gammafunktionen ausschliessen will, deren Veränderliche negativ sind. Man kann diesem Theoreme auch noch eine andere Gestalt geben. Nach Nr. (7) im vorigen Paragraphen ist nämlich wenn man $\mu-n$ für μ setzt

$$\frac{\Gamma(\mu-n)}{\Gamma(\mu-n+\frac{1}{2})}=\frac{2^{2\mu-1}}{2^{2n}\sqrt{\pi}}\cdot\frac{\overline{\Gamma(\mu-n)}^2}{\Gamma(2\mu-2n)}$$

und hiernach erhält man nach (4)

$$\frac{2^{2n}\,\Gamma(\frac{1}{2})\,\Gamma(\mu-n)}{2^{2\mu+1}\,\Gamma(\mu-n+\frac{1}{2})}=\frac{1}{4}\cdot\frac{\overline{\Gamma(\mu-n)}^2}{\Gamma(2\mu-2n)}$$

und dies ist jetzt der Werth der Form, unter welcher alle Integrale in (2) stehen. Es wird daher für $n=0, 1, 2, 3, \ldots$ aus der Gleichung (2)

$$\begin{aligned}&\frac{(-1)^m}{2m+1}\cdot\frac{1}{2}\,\frac{\Gamma(\mu+m+1)\,\Gamma(\mu-m)}{\Gamma(2\mu+1)}\\ &=\frac{1}{4}\left[M_1\frac{\overline{\Gamma(\mu)}^2}{\Gamma(2\mu)}-M_2\frac{\overline{\Gamma(\mu-1)}^2}{\Gamma(2\mu-2)}+M_3\frac{\overline{\Gamma(\mu-2)}^2}{\Gamma(2\mu-4)}-\ldots\ldots\right]\end{aligned}$$

oder

$$\left.\begin{aligned}&\frac{(-1)^m 2}{2m+1}\cdot\frac{\Gamma(\mu+m+1)\,\Gamma(\mu-m)}{\Gamma(2\mu+1)}\\ &=\frac{\overline{\Gamma(\mu)}^2}{\Gamma(2\mu)}-\frac{(m+1)m}{2\,.\,3}\cdot\frac{\overline{\Gamma(\mu-1)}^2}{\Gamma(2\mu-2)}+\frac{(m+2)(m+1)m\,(m-1)}{2\,.\,3\,.\,4\,.\,5}\cdot\frac{\overline{\Gamma(\mu-2)}^2}{\Gamma(2\mu-4)}-\ldots\end{aligned}\right\}(6)$$

wo wieder $\mu > m$ sein muss, wenn keine der Grössen $\mu - 1$, $\mu - 2$, $\mu - 3$ etc. negativ werden soll.

§. 6.

In ähnlicher Weise, wie wir das Problem der Addition der Gammafunktionen gestellt hatten, können wir auch die Multiplikation derselben verlangen. Wir haben in der That schon eine Relation kennen gelernt, welche zeigte, wie das Produkt einer Partie von Gammafunktionen wieder durch eine Gammafunktion ausgedrückt werden kann, vorausgesetzt, dass unter den Veränderlichen in den Faktoren eine gewisse Rekursion stattfindet. Es war diess die Gleichung (4) in §. 3. Dieselbe bildet aber nur einen speziellen Fall eines allgemeineren Theoremes, wonach das Produkt

$$\Gamma(\mu)\,\Gamma(\mu + \frac{1}{n})\,\Gamma(\mu + \frac{2}{n}) \ldots\ldots \Gamma(\mu + \frac{n-1}{n})$$

worin μ beliebig, n eine positive ganze Zahl ist, durch eine einzige Gammafunktion dargestellt werden kann. Bevor wir aber die Ableitung desselben geben, müssen wir erst noch einige andere Betrachtungen anstellen, welche die Verwandlung von $\frac{d\,l\,\Gamma(\mu)}{d\mu}$ in ein bestimmtes Integral zum Zwecke haben.

Wenn man die Gleichung

$$\int_0^\infty e^{-ut}\,dt = \frac{1}{u}$$

mit du multiplizirt und zwischen den Gränzen $u = \alpha$, $u = \beta$ integrirt, so ist

$$\int_\alpha^\beta du \int_0^\infty e^{-ut}\,dt = \int_\alpha^\beta \frac{du}{u} = l(\frac{\beta}{\alpha}) \tag{1}$$

kehrt man aber links die Ordnung der Integration um, so ist das Doppelintegral auch gleich

$$\int_0^\infty dt \int_\alpha^\beta e^{-tu}\,du = \int_0^\infty dt\,\frac{e^{-t\alpha} - e^{-t\beta}}{t} \tag{2}$$

und mithin haben wir durch Vergleichung von (1) und (2)

$$\int_0^\infty \left(\overset{-\alpha t}{e} - \overset{-\beta t}{e}\right)\frac{dt}{t} = l\left(\frac{\beta}{\alpha}\right)$$

also z. B. für $\beta = x$, $\alpha = 1$

$$\int_0^\infty \left(\overset{-t}{e} - \overset{-xt}{e}\right)\frac{dt}{t} = lx \tag{3}$$

wovon wir sogleich Gebrauch machen werden.

Differenziirt man die Gleichung

$$\int_0^\infty x^{\mu-1}\overset{-x}{e}\,dx = \Gamma(\mu)$$

nach μ und bezeichnet $\frac{d\Gamma(\mu)}{d\mu}$ kurz mit $\Gamma'(\mu)$, so ist

$$\int_0^\infty x^{\mu-1}\overset{-x}{e}\,dx\,lx = \Gamma'(\mu)$$

und wenn man darin die Gleichung (3) substituirt

$$\Gamma'(\mu) = \int_0^\infty x^{\mu-1}\overset{-x}{e}\,dx \int_0^\infty \left(\overset{-t}{e} - \overset{-xt}{e}\right)\frac{dt}{t}$$

oder durch Integration der einzelnen Glieder

$$\Gamma'(\mu) = \int_0^\infty x^{\mu-1}\overset{-x}{e}\,dx \int_0^\infty \frac{dt}{t}\overset{-t}{e} - \int_0^\infty x^{\mu-1}\overset{-x}{e}\,dx \int_0^\infty \frac{dt}{t}\overset{-xt}{e}. \tag{4}$$

In dem ersten Doppelintegrale kommt bei der Integration nach t kein x vor; das Doppelintegral verwandelt sich daher in ein bloses Produkt zweier Integrale und ist

$$= \Gamma(\mu) \int_0^\infty \frac{dt}{t}\overset{-t}{e}.$$

Im zweiten Doppelintegrale lässt sich die Integrationsordnung umkehren, so dass man zuerst nach x integrirt, wodurch man erhält

$$\int_0^\infty \frac{dt}{t} \int_0^\infty x^{\mu-1}\overset{-x}{e}\,\overset{-tx}{e}\,dx = \Gamma(\mu) \int_0^\infty \frac{dt}{t}\cdot\frac{1}{(1+t)^\mu}.$$

Hierdurch geht die Gleichung (4) in die folgende über

$$\Gamma'(\mu) = \Gamma(\mu)\int_0^\infty \frac{dt}{t} e^{-t} - \Gamma(\mu)\int_0^\infty \frac{dt}{t(1+t)^\mu}$$

woraus sich unter der Bemerkung, dass $\frac{\Gamma'(\mu)}{\Gamma(\mu)} = \frac{d\,l\,\Gamma(\mu)}{d\mu}$ ist, leicht die Formel ergiebt:

$$\frac{d\,l\,\Gamma(\mu)}{d\mu} = \int_0^\infty \frac{dt}{t} e^{-t} - \int_0^\infty \frac{dt}{t(1+t)^\mu} \tag{5}$$

Diese Gleichung ist noch einer bemerkenswerthen Transformation fähig. Man kann nämlich identisch setzen

$$\left.\begin{aligned}&\frac{d\,l\,\Gamma(\mu)}{d\mu}\\ &= \int_0^\infty \frac{dt}{t} e^{-t} - \int_0^\infty \frac{dt}{t(1+t)} + \int_0^\infty \left[\frac{1}{1+t} - \frac{1}{(1+t)^\mu}\right]\frac{dt}{t}\end{aligned}\right\} \tag{6}$$

indem sich das zweite Integral gegen das erste aus der Parenthese entspringende hebt. Hierbei sind die zwei ersten Integrale von μ frei, bilden also eine Constante, deren Werth sich leicht dadurch bestimmen lässt, dass man die Integrale selbst als die Gränzen betrachtet, denen sich die Ausdrücke

$$\int_0^n \frac{dt}{t} e^{-t} \quad \text{und} \quad \int_0^n \frac{dt}{t(1+t)}$$

für wachsende n nähern. Nun ist aber, wenn man für e^{-t} die gleichgeltende immer convergente Reihe setzt und $\frac{1}{t(1+t)}$ in $\frac{1}{t} - \frac{1}{1+t}$ zerlegt,

$$\int_0^n \frac{dt}{t} e^{-t} - \int_0^n \frac{dt}{t(1+t)}$$

$$= \int_0^n \left[\frac{1}{t} - \frac{1}{1} + \frac{t}{1\,.\,2} - \frac{t^2}{1\,.\,2\,.\,3} + \frac{t^3}{1\,.\,2\,.\,3\,.\,4} - \ldots\ldots\right] dt$$

$$- \int_0^n \frac{dt}{t} + \int_0^n \frac{dt}{1+t}\,.$$

Hierbei hebt sich das Integral $\int_0^n \frac{dt}{t}$ und es bleibt rechts nach geschehener Integration noch übrig

$$-\frac{1}{1}\cdot\frac{n}{1}+\frac{1}{2}\cdot\frac{n^2}{1.2}-\frac{1}{3}\cdot\frac{n^3}{1.2.3}+\ldots\ldots+l(n+1)$$

$$=ln-\frac{1}{1}\cdot\frac{n}{1}+\frac{1}{2}\cdot\frac{n^2}{1.2}-\frac{1}{3}\cdot\frac{n^3}{1.2.3}+\ldots\ldots+l\left(1+\frac{1}{n}\right).$$

Nun hat man aber bekanntlich folgende unter allen Umständen convergirende Reihe für den Integrallogarithmus

$$li\,a=\frac{1}{2}\,l[(la)^2]+\frac{1}{1}\cdot\frac{la}{1}+\frac{1}{2}\cdot\frac{(la)^2}{1.2}+\frac{1}{3}\cdot\frac{(la)^3}{1.2.3}+\ldots+C$$

wo die Constante $C=0{,}577\,2156$ ist. Setzt man hierin $a=\overset{-n}{e}$ so findet man

$$ln-\frac{1}{1}\cdot\frac{n}{1}+\frac{1}{2}\cdot\frac{n^2}{1.2}-\frac{1}{3}\cdot\frac{n^3}{1.2.3}+\ldots\ldots=li(\overset{-n}{e})-C$$

folglich nach dem Vorhergehenden

$$\int_0^n\frac{dt}{t}\overset{-t}{e}-\int_0^n\frac{dt}{t(1+t)}=li(\overset{-n}{e})-C+l\left(1+\frac{1}{n}\right)$$

und für unbegränzt wachsende n

$$\int_0^\infty\frac{dt}{t}\overset{-t}{e}-\int_0^\infty\frac{dt}{t(1+t)}=li(0)-C.$$

Da aber

$$li\,a=\int_0^a\frac{dx}{lx}$$

ist, so folgt $li(0)=0$ mithin

$$\int_0^\infty\frac{dt}{t}\overset{-t}{e}-\int_0^\infty\frac{dt}{t(1+t)}=-C. \qquad (6^*)$$

Hierdurch geht die Gleichung (6) in die folgende über

$$\frac{d\,l\,\Gamma(\mu)}{d\mu} = -C + \int_0^\infty \left[\frac{1}{1+t} - \frac{1}{(1+t)^\mu}\right]\frac{dt}{t} \tag{7}$$

welche sich noch eleganter gestaltet, wenn man $\frac{1}{1+t} = x$ setzt, woraus $t = \frac{1+x}{x}$ und $dt = -\frac{dx}{x^2}$ folgt; ist ferner $t = \infty$ und $t = 0$ geworden, so hat jetzt x die Werthe $x = 0$ und $x = 1$ angenommen und daher ist auch

$$\frac{d\,l\,\Gamma(\mu)}{d\mu} = -C - \int_1^0 \left[x - x^\mu\right] \frac{dx}{x^2 \cdot \frac{1-x}{x}}$$

oder

$$\frac{d\,l\,\Gamma(\mu)}{d\mu} = -C + \int_0^1 \frac{1 - x^{\mu-1}}{1-x}\,dx, \quad [C = 0{,}5772156\ \ldots]. \tag{8}$$

Diese Gleichung bildet die Basis für alle unsere ferneren Untersuchungen.

§. 7.

Mit Hülfe des soeben gefundenen Satzes kann man nun ohne Schwierigkeit das Theorem entwickeln, welches im Anfang des vorigen Paragraphen erwähnt wurde.

Setzt man in der Gleichung (8) $\mu + \frac{m}{n}$ für μ so ist auch

$$\frac{d\,l\,\Gamma(\mu + \frac{m}{n})}{d\mu} = -C + \int_0^1 \frac{1 - x^{\mu + \frac{m}{n} - 1}}{1-x}\,dx$$

oder, wenn man rechts $x = z^n$ nimmt

$$\frac{d\,l\,\Gamma(\mu + \frac{m}{n})}{d\mu} = -C + n\int_0^1 \frac{z^{n-1} - z^{n\mu+m-1}}{1 - z^n}\,dz\,.$$

Denkt man sich in dieser Gleichung für m der Reihe nach 0, 1, 2, ... $n-1$ geschrieben und addirt alle so entstehenden n Gleichungen, so erhält man

$$\frac{dl\Gamma(\mu)}{d\mu}+\frac{dl\Gamma\left(\mu+\frac{1}{n}\right)}{d\mu}+\frac{dl\Gamma\left(\mu+\frac{2}{n}\right)}{d\mu}+\ldots\ldots+\frac{dl\Gamma\left(\mu+\frac{n-1}{n}\right)}{d\mu}$$

$$=-nC+n\int_0^1\frac{nz^{n-1}-z^{n\mu-1}\left[1+z+z^2+\ldots\ldots+z^{n-1}\right]}{1-z^n}\,dz$$

woraus sich unter der Bemerkung, dass

$$1+z+z^2+\ldots.+z^{n-1}=\frac{1-z^n}{1-z}$$

ist, ergiebt

$$\frac{dl\left[\Gamma(\mu)\,\Gamma\left(\mu+\frac{1}{n}\right)\,\Gamma\left(\mu+\frac{2}{n}\right)\ldots\ldots\Gamma\left(\mu+\frac{n-1}{n}\right)\right]}{d\mu}$$

$$=-nC+n\int_0^1\left(\frac{nz^{n-1}}{1-z^n}-\frac{z^{n\mu-1}}{1-z}\right)dz\,.$$

Setzt man ferner in der Gleichung (8) $n\mu$ für μ, wodurch $n\,d\mu$ an die Stelle von $d\mu$ kommt, multiplizirt darauf beiderseits mit n und schreibt z für x, so ist

$$\frac{dl\Gamma(n\mu)}{d\mu}=-nC+n\int_0^1\frac{1-z^{n\mu-1}}{1-z}\,dz\,.$$

Durch Subtraktion dieser Gleichung von der vorigen ergiebt sich

$$\left.\begin{aligned}&\frac{d}{d\mu}\,l\left\{\frac{\Gamma(\mu)\,\Gamma\left(\mu+\frac{1}{n}\right)\,\Gamma\left(\mu+\frac{2}{n}\right)\ldots\ldots\Gamma\left(\mu+\frac{n-1}{n}\right)}{\Gamma(n\mu)}\right\}\\&\qquad=n\int_0^1\left(\frac{nz^{n-1}}{1-z^n}-\frac{1}{1-z}\right)dz\,.\end{aligned}\right\}\quad(1)$$

Der Werth des Integrales auf der rechten Seite ist sehr leicht zu finden. Man hat nämlich

$$\int \left[\frac{nz^{n-1}}{1-z^n} - \frac{1}{1-z}\right] dz = -l(1-z^n) + l(1-z)$$

$$= -l\left(\frac{1-z^n}{1-z}\right) = -l(1+z+z^2+\ldots.+z^{n-1})$$

folglich

$$\int_0^1 \left[\frac{nz^{n-1}}{1-z^n} - \frac{1}{1-z}\right] dz = -ln.$$

Demnach ist vermöge der Gleichung (1)

$$\frac{d}{d\mu} l \left\{\frac{\Gamma(\mu)\,\Gamma\left(\mu+\frac{1}{n}\right)\Gamma\left(\mu+\frac{2}{n}\right)\ldots.\,\Gamma\left(\mu+\frac{n-1}{n}\right)}{\Gamma(n\mu)}\right\}$$

$$= -nln = l\left(\frac{1}{n^n}\right)$$

wobei die rechte Seite in Bezug auf μ constant ist.

Multiplizirt man beiderseits mit $d\mu$, integrirt hierauf und bezeichnet die Constante der Integration mit lk, so ist

$$l \left\{\frac{\Gamma(\mu)\,\Gamma\left(\mu+\frac{1}{n}\right)\Gamma\left(\mu+\frac{2}{n}\right)\ldots..\,\Gamma\left(\mu+\frac{n-1}{n}\right)}{\Gamma(n\mu)}\right\}$$

$$= \mu l\left(\frac{1}{n^n}\right) + lk = l(n^{-n\mu}k)$$

woraus sofort folgt

$$\Gamma(\mu)\,\Gamma\left(\mu+\frac{1}{n}\right)\Gamma\left(\mu+\frac{2}{n}\right)\ldots..\,\Gamma\left(\mu+\frac{n-1}{n}\right) = n^{-n\mu}k\,\Gamma(n\mu)\,. \quad (2)$$

Um noch die Constante k zu bestimmen, nehmen wir $\mu = \frac{1}{n}$; es wird dann:

$$\Gamma\left(\frac{1}{n}\right)\Gamma\left(\frac{2}{n}\right)\Gamma\left(\frac{3}{n}\right)\ldots\ldots\Gamma\left(\frac{n-1}{n}\right)\Gamma\left(\frac{n}{n}\right)=n^{-1}k$$

oder weil $\Gamma\left(\frac{n}{n}\right)=\Gamma(1)=1$ ist

$$k=n\,\Gamma\left(\frac{1}{n}\right)\Gamma\left(\frac{2}{n}\right)\Gamma\left(\frac{3}{n}\right)\ldots\ldots\Gamma\left(\frac{n-1}{n}\right)$$

Nach Formel (4) §. 3 ist aber

$$\Gamma\left(\frac{1}{n}\right)\Gamma\left(\frac{2}{n}\right)\Gamma\left(\frac{3}{n}\right)\ldots\ldots\Gamma\left(\frac{n-1}{n}\right)=(2n)^{\frac{n-1}{2}}n^{-\frac{1}{2}}$$

folglich wird jetzt

$$k=(2n)^{\frac{n-1}{2}}n^{\frac{1}{2}}.$$

Durch Substitution dieses Werthes in die Gleichung (2) erhalten wir jetzt das schöne Theorem:

$$\left.\begin{aligned}&\Gamma(\mu)\,\Gamma\left(\mu+\frac{1}{n}\right)\Gamma\left(\mu+\frac{2}{n}\right)\ldots\Gamma\left(\mu+\frac{n-1}{n}\right)\\&=n^{\frac{1}{2}-n\mu}(2n)^{\frac{n-1}{2}}\Gamma(n\mu)\end{aligned}\right\}\quad(3)$$

das zuerst von Légendre bewiesen worden ist *).

---

*) Der sinnreiche Gedanke, diesen Satz mittelst eines bestimmten Integrales für $\frac{d\,l\Gamma(\mu)}{d\mu}$ abzuleiten, was offenbar der direkteste Weg ist, rührt von Lejeune Dirichlet her, worüber man Crelle's *Journal für Mathematik Bd.* 15, *S.* 258 nachsehen kann. Daselbst wird die Gleichung (5) §. 6 unmittelbar benutzt, was aber einige Unbequemlichkeiten verursacht. Ich habe es daher vorgezogen den Beweis des Légendre'schen Theoremes unter Anwendung der Gleichung (8) §. 6 zu führen, wodurch die Rechnung an Einfachheit und Eleganz gewonnen haben dürfte.

Cap. III.

Reihen und Produkte zur Berechnung der Gammafunktionen.

§. 8.

Die Formel (8) in §. 6 dient uns als Ausgangspunkt für das Problem, die Gammafunktionen in Reihen und Produkte zu verwandeln. Es ist vermöge derselben

$$\frac{d\,l\,\Gamma(1+\mu)}{d\mu} = -C + \int_0^1 \frac{1-x^\mu}{1-x}\,dx\,. \tag{1}$$

Andererseits hat man

$$\frac{1}{1-x} = 1 + x + x^2 + \ldots\ldots + x^{n-1} + \frac{x^n}{1-x}$$

folglich

$$\frac{d\,l\,\Gamma(1+\mu)}{d\mu}$$

$$= -C + \int_0^1 \left[1 + x + x^2 + \ldots\ldots + x^{n-1}\right](1-x^\mu)\,dx$$

$$+ \int_0^1 \frac{x^n}{1-x}(1-x^\mu)\,dx$$

und durch Integration der einzelnen Reihenglieder

$$\frac{d\,l\,\Gamma(1+\mu)}{d\mu} = -C + \frac{1}{1} + \frac{1}{2} + \frac{1}{3} + \ldots\ldots + \frac{1}{n}$$

$$- \left\{\frac{1}{1+\mu} + \frac{1}{2+\mu} + \frac{1}{3+\mu} + \ldots\ldots + \frac{1}{n+\mu}\right\}$$

$$+ \int_0^1 \frac{1-x^\mu}{1-x}\,x^n dx$$

woraus sich nach Vereinigung je zweier entsprechender Glieder in den unter einander stehenden Reihen ergiebt:

$$\left.\begin{aligned}&\frac{d\,l\,\Gamma(1+\mu)}{d\mu}\\&=-C+\frac{1}{1}\cdot\frac{\mu}{1+\mu}+\frac{1}{2}\cdot\frac{\mu}{2+\mu}+\frac{1}{3}\cdot\frac{\mu}{3-\mu}+\ldots+\frac{1}{n}\cdot\frac{\mu}{n+\mu}\\&+\int_0^1\frac{1-x^\mu}{1-x}\,x^n dx\,.\end{aligned}\right\}(2)$$

Es liegt nun der Gedanke sehr nahe, die Zahl n, welche die Gliedermenge unserer Reihe angiebt, ins Unendliche wachsen zu lassen und hierdurch die endliche Reihe zu einer unendlichen zu machen. Zur Ausführung dieser Idee ist aber nöthig, dass wir die Gränze bestimmen, der sich das Integral

$$\int_0^1\frac{1-x^\mu}{1-x}\,x^n dx\,,$$

welches den Rest der Reihe bildet, für unbegränzt wachsende n nähert. Diess lässt sich durch folgende Betrachtungen erreichen.

1) Setzen wir erstlich μ als positiv voraus, so können wir behaupten, dass die Funktion

$$\frac{1-x^\mu}{1-x}$$

nicht unendlich werden kann, sobald x das Intervall 0 bis 1 durchläuft. In der That könnte der fragliche Bruch nur dann unendlich werden, wenn sein Nenner $1-x$ in Null, also x in 1 überginge; dann wird aber wegen des positiven μ auch der Zähler $=0$ und der Bruch stellt sich unbestimmte Form $\frac{0}{0}$, deren wahrer Werth in diesem Falle $=\mu$ ist, wie man mittelst der Differenzialrechnung leicht findet. Da also die genannte Funktion nicht unendlich wird, wenn x von 0 bis 1 geht, so müssen das Maximum und Minimum, welche sie bei der erwähnten successiven Aenderung des x gewiss einmal bekommt, endliche Grössen sein. Bezeichnen wir sie mit A und B, so ist für das ganze Intervall $x=0$ bis $x=1$

$$A-\frac{1-x^\mu}{1-x}\text{ positiv und }B-\frac{1-x^\mu}{1-x}\text{ negativ}$$

folglich weil x^n innerhalb jenes Intervalles immer positiv bleibt

$$\left(A - \frac{1-x^\mu}{1-x}\right) x^n \text{ positiv}, \quad \left(B - \frac{1-x^\mu}{1-x}\right) x^n \text{ negativ}$$

und auch

$$\int_0^1 \left(A - \frac{1-x^\mu}{1-x}\right) x^n dx \text{ positiv}, \quad \int_0^1 \left(B - \frac{1-x^\mu}{1-x}\right) x^n \text{ negativ}$$

woraus sich ergiebt:

$$\int_0^1 A x^n dx > \int_0^1 \frac{1-x^\mu}{1-x} x^n dx$$

und

$$\int_0^1 B x^n dx < \int_0^1 \frac{1-x^\mu}{1-x} x^n dx$$

oder

$$\frac{A}{n+1} > \int_0^1 \frac{1-x^\mu}{1-x} x^n dx > \frac{B}{n+1}.$$

Da nun A und B endliche bestimmte Grössen sind, so nehmen die beiden Gränzen, zwischen denen der Werth unseres Integrales liegt, bei unendlich wachsenden n beständig ab, und es ist folglich für positive μ

$$Lim. \int_0^1 \frac{1-x^\mu}{1-x} x^n dx = 0.$$

2) Wäre μ negativ, also das betrachtete Integral der Gestalt

$$\int_0^1 \frac{1-x^{-\mu}}{1-x} x^n dx$$

so ist die vorige Betrachtung zwar nicht mehr direkt, aber doch mit einer kleinen Modifikation anwendbar. Schreibt man nämlich dasselbe in der Form

$$\int_0^1 \frac{x^\mu - 1}{1-x} x^{n-\mu} dx$$

so gelten jetzt für die Funktion $\frac{x^\mu - 1}{1-x}$ ganz dieselben Bemerkungen, wie für die frühere $\frac{1-x^\mu}{1-x}$. Ihr Maximum A' und ihr Minimum B' sind nämlich endliche Grössen und man erhält nun durch den nämlichen Gedankengang wie vorher

$$\frac{A'}{n-\mu+1} > \int_0^1 \frac{x^\mu - 1}{1-x} x^{n-\mu} dx > \frac{B'}{n-\mu+1}.$$

Da hier die beliebige Zahl $n > \mu$ genommen werden darf, so folgt jetzt für unendlich wachsende n

$$Lim. \int_0^1 \frac{x^\mu - 1}{1-x} x^{n-\mu} dx = Lim. \int_0^1 \frac{1-x^{-\mu}}{1-x} x^n dx = 0.$$

Es nähert sich also das in Nr. (2) den Rest bildende Integral für jedes μ bei unendlich wachsenden n der Gränze Null. Zugleich wird die Reihe eine unendliche und es entsteht die Gleichung:

$$\left.\begin{aligned} &\frac{d\,l\Gamma(1+\mu)}{d\mu} \\ &= -C + \frac{1}{1}\cdot\frac{\mu}{1+\mu} + \frac{1}{2}\cdot\frac{\mu}{2+\mu} + \frac{1}{3}\cdot\frac{\mu}{3+\mu} + \ldots \textit{ in inf.} \end{aligned}\right\} \quad (3)$$

aus welcher verschiedene Folgerungen gezogen werden können.

Unter der Voraussetzung, dass der absolute Werth von μ ein ächter Bruch ist, lässt sich die Reihe auf der rechten Seite in eine andere umsetzen, welche nach Potenzen von μ fortschreitet. Man kann nämlich der obigen Gleichung folgende Gestalt geben

$$\frac{d\,l\Gamma(1+\mu)}{d\mu}$$

$$= -C + \frac{1}{1}\cdot\frac{\frac{\mu}{1}}{1+\frac{\mu}{1}} + \frac{1}{2}\cdot\frac{\frac{\mu}{2}}{1+\frac{\mu}{2}} + \frac{1}{3}\cdot\frac{\frac{\mu}{3}}{1+\frac{\mu}{3}} + \ldots.$$

und nun jedes einzelne Glied nach dem Satze

$$\frac{u}{1+u} = u - u^2 + u^3 - u^4 + \ldots \textit{ in inf.}, \quad +1 > u > -1,$$

in eine unendliche Reihe verwandeln, sobald die Bedingungen

$$1 > \frac{\mu}{1} > -1, \quad 1 > \frac{\mu}{2} > -1, \quad 1 > \frac{\mu}{3} > -1, \ldots .$$

erfüllt sind, welche sich sämmtlich auf die erste reduziren. Man hat demnach für $1 > \mu > -1$,

$$\frac{d\,l\Gamma(1+\mu)}{d\mu}$$

$$= -C + \frac{1}{1}\left[\frac{\mu}{1} - \left(\frac{\mu}{1}\right)^2 + \left(\frac{\mu}{1}\right)^3 - \left(\frac{\mu}{1}\right)^4 + \ldots\right]$$

$$+ \frac{1}{2}\left[\frac{\mu}{2} - \left(\frac{\mu}{2}\right)^2 + \left(\frac{\mu}{2}\right)^3 - \left(\frac{\mu}{2}\right)^4 + \ldots\right]$$

$$+ \frac{1}{3}\left[\frac{\mu}{3} - \left(\frac{\mu}{3}\right)^2 + \left(\frac{\mu}{3}\right)^3 - \left(\frac{\mu}{3}\right)^4 + \ldots\right]$$

$$+ \ldots\ldots\ldots\ldots\ldots\ldots\ldots\ldots$$

Nimmt man diese Reihen in vertikaler Richtung zusammen und bezeichnet zur Abkürzung die Summe der convergenten Reihe

$$\frac{1}{1^n} + \frac{1}{2^n} + \frac{1}{3^n} + \frac{1}{4^n} + \cdots$$

mit S_n so ergiebt sich:

$$\left.\begin{array}{l} \dfrac{d\,l\Gamma(1+\mu)}{d\mu} = -C + S_2\mu - S_3\mu^2 + S_4\mu^3 - \ldots\ldots \\ \qquad\qquad +1 > \mu > -1. \end{array}\right\} \quad (4)$$

Durch Multiplikation mit $d\mu$ und Integration entspringt hieraus die wichtige Gleichung *):

---

*) Légendre schlägt gerade den umgekehrten Weg ein; er leitet zuerst die obige Gleichung aus einer Formel ab, die wir in §. 10 kennen lernen werden, und reduzirt darauf die Formel (3).

$$\left.\begin{array}{l} l\Gamma(1+\mu)=-C\mu+\tfrac{1}{2}S_2\mu^2-\tfrac{1}{3}S_3\mu^3+\tfrac{1}{4}S_4\mu^4-\ldots\ldots \\ \qquad\qquad +1>\mu>-1. \end{array}\right\} \quad (5)$$

Eine Integrationsconstante ist nicht beizufügen, weil für $\mu=0$, $l\Gamma(1)=l1=0$ wird und die rechte Seite sich gleichzeitig annullirt. Für negative μ hat man noch

$$\left.\begin{array}{l} l\Gamma(1-\mu)=C\mu+\tfrac{1}{2}S_2\mu^2+\tfrac{1}{3}S_3\mu^3+\tfrac{1}{4}S_4\mu^4+\ldots. \\ \qquad\qquad +1>\mu>-1. \end{array}\right\} \quad (6)$$

Wüsste man den Werth der Constanten C nicht, so könnte man ihn aus diesen Gleichungen selbst finden, indem man μ nur so zu wählen braucht, dass man entweder $\Gamma(1+\mu)$ oder $\Gamma(1-\mu)$ anderweit kennt. Diess ist der Fall für $\mu=\frac{1}{2}$; woraus sich ergiebt

$$\tfrac{1}{2}C=-l(\tfrac{1}{2}\sqrt{\pi})+\tfrac{1}{2}(\tfrac{1}{2})^2S_2-\tfrac{1}{3}(\tfrac{1}{2})^3S_3+\tfrac{1}{4}(\tfrac{1}{2})^4S_4-\ldots.$$

und

$$\tfrac{1}{2}C=l(\sqrt{\pi})-\tfrac{1}{2}(\tfrac{1}{2})^2S_2-\tfrac{1}{3}(\tfrac{1}{2})^3S_3-\tfrac{1}{4}(\tfrac{1}{2})^4S_4-\ldots.$$

Addirt man die Gleichungen (5) und (6) und bemerkt, dass auf der linken Seite

$$l\Gamma(1+\mu)+l\Gamma(1-\mu)=l\left[\Gamma(1+\mu)\,\Gamma(1-\mu)\right]=l\left[\mu\,\Gamma(\mu)\,\Gamma(1-\mu)\right]$$
$$=l\frac{\mu\pi}{\sin\mu\pi}$$

ist, so findet man

$$\tfrac{1}{2}l\frac{\mu\pi}{\sin\mu\pi}=\tfrac{1}{2}S_2\mu^2+\tfrac{1}{4}S_4\mu^4+\tfrac{1}{6}S_6\mu^6+\ldots.$$

ein schon anderweit bekanntes Resultat, durch dessen Substitution sich die Gleichungen (5) und (6) vereinfachen und in die folgenden zur numerischen Berechnung vortheilhafteren übergehen:

$$l\Gamma(1+\mu)=\tfrac{1}{2}l\frac{\mu\pi}{\sin\mu\pi}-C\mu-\tfrac{1}{3}S_3\mu^3-\tfrac{1}{5}S_5\mu^5-\tfrac{1}{7}S_7\mu^7-\ldots. \quad (7)$$

$$l\Gamma(1-\mu)=\tfrac{1}{2}l\frac{\mu\pi}{\sin\mu\pi}+C\mu+\tfrac{1}{3}S_3\mu^3+\tfrac{1}{5}S_5\mu^5+\tfrac{1}{7}S_7\mu^7+\ldots. \quad (8)$$

wobei immer $1>\mu>-1$ sein muss.

Diese Relationen reichen zur Berechnung einer Tafel der Gammafunktionen völlig aus, da eine solche nach der in §. 1 gemachten Bemerkung nur das Intervall $\mu = 0$ bis $\mu = 1$ zu umfassen braucht.

§. 9.

Die Formel (3) kann auch dazu dienen, die Funktion $\Gamma(1+\mu)$ in ein unendliches Produkt zu verwandeln. Multiplizirt man nämlich dieselbe mit $d\mu$ und integrirt unter der Bemerkung, dass

$$\frac{1}{n}\int\frac{\mu\, d\mu}{n+\mu} = \frac{1}{n}\mu - l(1+\frac{1}{n}\mu) + Const.$$

$$= \quad l\left(\frac{e^{\frac{1}{n}\mu}}{1+\frac{1}{n}\mu}\right) + Const.$$

ist, so erhält man leicht

$$l\Gamma(1+\mu)$$

$$= - C\mu + l\left(\frac{e^{\mu}}{1+\mu}\right) + l\left(\frac{e^{\frac{1}{2}\mu}}{1+\frac{1}{2}\mu}\right) + l\left(\frac{e^{\frac{1}{3}\mu}}{1+\frac{1}{3}\mu}\right) + \dots + Const.$$

Die Constante bestimmt sich durch den speziellen Fall $\mu = 0$, für welchen sich Alles annullirt, so dass folgt $Const. = 0$.

Schreibt man noch $l(e^{-C\mu})$ für $-C\mu$ und geht nun von den Logarithmen zu den Zahlen selbst über, so ergiebt sich:

$$e^{C\mu}\Gamma(1+\mu) = \frac{e^{\mu}}{1+\mu}\cdot\frac{e^{\frac{1}{2}\mu}}{1+\frac{1}{2}\mu}\cdot\frac{e^{\frac{1}{3}\mu}}{1+\frac{1}{3}\mu}\cdot\frac{e^{\frac{1}{4}\mu}}{1+\frac{1}{4}\mu}\cdots\cdots \tag{1}$$

wobei C wie bisher den Werth 0,5772156.. hat. Man könnte diesen selbst aus der vorstehenden Gleichung finden; denn es wird für $\mu = 1$

$$e^{C} = \frac{1.e}{2}\cdot\frac{2e^{\frac{1}{2}}}{3}\cdot\frac{3e^{\frac{1}{3}}}{4}\cdot\frac{4e^{\frac{1}{4}}}{5}\cdots\cdots \tag{2}$$

oder

$$C = l(\tfrac{1}{2}e) + l(\tfrac{2}{3}e^{\frac{1}{2}}) + l(\tfrac{3}{4}e^{\frac{1}{3}}) + \dots\dots \tag{3}$$

In dieser Form ist die Reihe wegen ihrer geringen Convergenz zur praktischen Berechnung von C untauglich; durch eine kleine Umwandlung erhält man aus ihr eine andere Relation, welche viel brauchbarer ist und besonders durch ihre Form interessirt. Sehen wir nämlich die unendliche Reihe (3) als die Gränze der $n$gliederigen:

$$l(\tfrac{1}{2}e) + l(\tfrac{2}{3}e^{\frac{1}{2}}) + l(\tfrac{3}{4}e^{\frac{1}{3}}) + \ldots + l\left(\frac{n}{n+1}e^{\frac{1}{n}}\right)$$

an, indem wir hier n ins Unendliche wachsen lassen, so ist

$$C = Lim. \left\{ \begin{array}{l} le + l(e^{\frac{1}{2}}) + l(e^{\frac{1}{3}}) + \ldots + l(e^{\frac{1}{n}}) \\ + l(\tfrac{1}{2}) + l(\tfrac{2}{3}) + l(\tfrac{3}{4}) + \ldots + l\left(\frac{n}{n+1}\right) \end{array} \right\}$$

$$= Lim. \left\{ \begin{array}{l} 1 + \tfrac{1}{2} + \tfrac{1}{3} + \ldots\ldots + \frac{1}{n} \\ + l\left(\tfrac{1}{2} \cdot \tfrac{2}{3} \cdot \tfrac{3}{4} \ldots\ldots \frac{n}{n+1}\right) \end{array} \right\}$$

d. i.

$$C = Lim. \left\{1 + \tfrac{1}{2} + \tfrac{1}{3} + \tfrac{1}{4} + \ldots + \frac{1}{n} - l(n+1)\right\}. \qquad (4)$$

Diese merkwürdige Eigenschaft der Constante C wird in der Theorie des Integrallogarithmus ebenfalls abgeleitet; man hätte daher auch aus ihr die Identität unserer Constante mit der des Integrallogarithmus beweisen können.

Erhebt man noch beide Seiten der Gleichung (2) auf den Exponenten μ, so wird

$$e^{C\mu} = \frac{1^\mu e^\mu}{2^\mu} \cdot \frac{2^\mu e^{\frac{1}{2}\mu}}{3^\mu} \cdot \frac{3^\mu e^{\frac{1}{3}\mu}}{4^\mu} \cdot \frac{4^\mu e^{\frac{1}{4}\mu}}{5^\mu} \ldots$$

und wenn man mit dieser Gleichung in (1) dividirt, so ergiebt sich

$$\Gamma(1+\mu) = \frac{2^\mu}{1^\mu(1+\mu)} \cdot \frac{3^\mu}{2^\mu(1+\frac{1}{2}\mu)} \cdot \frac{4^\mu}{3^\mu(1+\frac{1}{3}\mu)} \ldots\ldots$$

oder

$$\Gamma(1+\mu)=\frac{2^{\mu}}{1^{\mu-1}(1+\mu)}\cdot\frac{3^{\mu}}{2^{\mu-1}(2+\mu)}\cdot\frac{4^{\mu}}{3^{\mu-1}(3+\mu)}\cdots\cdots \tag{5}$$

ein seinem Bildungsgesetz nach merkwürdiges Produkt für die Gammafunktion.

Betrachtet man dasselbe als den Gränzwerth, welchem sich das endliche aus $(n-1)$ Faktoren bestehende Produkt:

$$\frac{2^{\mu}}{1^{\mu-1}(1+\mu)}\cdot\frac{3^{\mu}}{2^{\mu-1}(2+\mu)}\cdot\frac{4^{\mu}}{3^{\mu-1}(3+\mu)}\cdot\frac{n^{\mu}}{(n-1)^{\mu-1}(n-1+\mu)}$$

$$=\frac{2.3.4\ldots(n-1).n^{\mu}}{(\mu+1)(\mu+2)(\mu+3)\ldots(\mu+n-1)}$$

für unendlich wachsende n nähert, so ist

$$\Gamma(\mu+1)=Lim.\left\{\frac{1.2.3.4\ldots(n-1)}{(\mu+1)(\mu+2)\ldots(\mu+n-1)}n^{\mu}\right\}$$

oder wegen $\Gamma(\mu+1)=\mu\,\Gamma(\mu)$

$$\Gamma(\mu)=Lim.\left\{\frac{1.2.3\ldots\ldots n}{\mu(\mu+1)(\mu+2)\ldots(\mu+n-1)}n^{\mu-1}\right\} \tag{6}$$

Diese Formel liesse sich auch als Definition der Funktion Γ benutzen und man würde daraus leicht die hauptsächlichsten ihrer Eigenschaften ableiten können, wie diess namentlich Gauss in sehr eleganter Weise gethan hat *). Will man eine blos elementare Theorie der Gammafunktion geben, so ist dieser Gedankengang sehr natürlich, er ist es aber nicht mehr, wenn es darauf ankommt, die Bedeutung hervorzuheben, welche unsere Funktion für die Integralrechnung hat.

---

*) Die betreffende, mit Recht berühmte, Abhandlung steht in den *Comment. Gotting. rec. tom. IIa.* 1812. Die Bezeichnungsweise ist daselbst etwas verschieden, nämlich das obige $\Gamma(\mu)=\Pi(\mu-1)$ oder das Gaussische $\Pi(\mu)$ = dem Légendre'schen $\Gamma(\mu+1)$.

§. 10.

Auch eine Näherungsformel für $\Gamma(\mu)$ lässt sich aus der Gleichung

$$\frac{d\,l\Gamma(1+\mu)}{d\mu}=\int_0^\infty \frac{dt}{t}e^{-t}-\int_0^\infty \frac{dt}{t(1+t)^{\mu+1}} \tag{1}$$

ableiten, wenn man mit derselben einige Transformationen vornimmt. Schreibt man nämlich im ersten Integrale rechts ω für t und setzt im zweiten *)

$$t=e^\omega-1, \text{ also } \omega=l(1+t)$$

*) Im Allgemeinen ist es bekanntlich nicht erlaubt in zwei Integralen, von denen jedes für sich unendlich wird, deren Differenz aber eine endliche Grösse ist, zwei verschiedene Substitutionen zu machen; so wäre es z. B. falsch in dem ersten der nachstehenden Integrale

$$\int_0^1 \frac{dz}{1-z}-\int_0^1 \frac{nz^{n-1}dz}{1-z^n}=ln$$

$z=x$ und im zweiten $z^n=x$ zu setzen, denn man käme damit auf das falsche Resultat:

$$ln=\int_0^1 \frac{dx}{1-x}-\int_0^1 \frac{dx}{1-x}=0.$$

Dass aber in dem obigen Falle die dort angegebenen Substitutionen erlaubt sind, lässt sich so zeigen. Es ist erstlich

$$\frac{d\,l\Gamma(1+\mu)}{d\mu}=\int_0^\infty \left\{\frac{1}{t}e^{-t}-\frac{1}{(1+t)^2\,l(1+t)}\right\}dt$$
$$+\int_0^\infty \left\{\frac{1}{(1+t)^2\,l(1+t)}-\frac{1}{t(1+t)^{\mu+1}}\right\}dt$$

indem sich der zweite Theil der ersten Zeile gegen den ersten Theil der zweiten hebt. Jedes Integral für sich ist eine endliche Grösse und wir dürfen daher im zweiten eine Substitution machen, ohne es im ersten zu thun; setzen wir nämlich $t=e^\omega-1$ so wird jetzt:

so geht dasselbe über in

$$\int \frac{e^{\omega}\, d\omega}{(e^{\omega}-1)\, e^{(\mu+1)\omega}} = \int \frac{d\omega}{e^{\omega}-1} e^{-\mu\omega}$$

und die Gränzen für ω sind $\omega = 0$ und $\omega = \infty$, weil $l(1+t)$ für $t=0$ und $t=\infty$ die Werthe 0 und ∞ annimmt. Es ist demnach

$$\frac{d\, l\Gamma(1+\mu)}{d\mu} = \int_0^\infty \left\{\frac{1}{\omega} e^{-\omega} - \frac{1}{e^{\omega}-1} e^{-\mu\omega}\right\} d\omega\,. \qquad (2)$$

$$\frac{d\, l\Gamma(1+\mu)}{d\mu} = \int_0^\infty \left\{\frac{1}{t} e^{-t} - \frac{1}{(1+t)^2\, l(1+t)}\right\} dt$$

$$+ \int_0^\infty \left\{\frac{1}{\omega} e^{-\omega} - \frac{1}{e^{\omega}-1} e^{-\mu\omega}\right\} d\omega\,.$$

Vergleichen wir diess mit Nr. (2), so muss, wenn die im Texte stehende Rechnung richtig sein soll,

$$\int_0^\infty \left\{\frac{1}{t} e^{-t} - \frac{1}{(1+t)^2\, l(1+t)}\right\} dt = 0$$ ☽

sein. Betrachten wir nun das Integral

$$\int_\varkappa^\infty \left\{\frac{1}{t} e^{-t} - \frac{1}{(1+t)^2\, l(1+t)}\right\} dt$$ ⊙

$$= \int_\varkappa^\infty \frac{1}{t} e^{-t}\, dt - \int_\varkappa^\infty \frac{dt}{(1+t)^2\, l(1+t)}$$

so ist klar, dass jedes der einzelnen Integrale für $\varkappa > 0$ endlich bleibt und daher sind hier verschiedene Substitutionen erlaubt, nämlich im ersten $t = u$ im zweiten $t = e^{u} - 1$; diess giebt

$$\int_\varkappa^\infty \frac{du}{u} e^{-u} - \int_{l(1+\varkappa)}^\infty \frac{du}{u} e^{-u} = \int_\varkappa^{l(1+\varkappa)} \frac{du}{u} e^{-u}\,.$$

Andererseits haben wir aber nach einer bekannten Formel *)

$$-\frac{1}{e^{\omega}-1}=-\frac{1}{\omega}+\frac{1}{2}-\frac{2\omega}{(2\pi)^2+\omega^2}$$

$$-\frac{2\omega}{(4\pi)^2+\omega^2}-\frac{2\omega}{(6\pi)^2+\omega^2}-\ldots.$$

wobei die Reihe der Funktion auf der linken Seite für alle Werthe von $\omega=0$ bis $\omega=\infty$ gleichgilt. Durch Substitution derselben ergiebt sich aus Nr. (2)

$$\frac{d\,l\Gamma(1+\mu)}{d\mu}=\int_0^\infty\left\{\frac{1}{\omega}e^{-\omega}-\frac{1}{\omega}e^{-\omega\mu}\right\}d\omega+\frac{1}{2}\int_0^\infty e^{-\mu\omega}\,d\omega$$

$$-2\int_0^\infty\left\{\frac{\omega}{(2\pi)^2+\omega^2}+\frac{\omega}{(4\pi)^2+\omega^2}+\ldots\right\}e^{-\mu\omega}\,d\omega$$

Der absolute Werth des Integrales rechts liegt aber, wie man leicht sieht, zwischen

$$\frac{1}{l(1+x)}\{x-l(1+x)\}\quad\text{und}\quad\frac{1}{x}\{x-l(1+x)\}$$

und dasselbe gilt von dem Integrale ⊙. Lassen wir x gegen die Null convergiren, so nähern sich die vorstehenden Grössen der gemeinschaftlichen Gränze Null und wir kommen somit auf die Gleichung ☽ zurück, woraus andererseits die Richtigkeit des in Nr. (2) entwickelten Resultates erhellt.

*) Nimmt man in der Gleichung

$$\tfrac{1}{2}\cot\tfrac{1}{2}z=\frac{1}{z}-\frac{2z}{(2\pi)^2-z^2}-\frac{2z}{(4\pi)^2-z^2}-\ldots$$

$z=\omega\sqrt{-1}$, so findet man sehr leicht

$$\frac{1}{2}\,\frac{e^{\frac{1}{2}\omega}+e^{-\frac{1}{2}\omega}}{e^{\frac{1}{2}\omega}-e^{-\frac{1}{2}\omega}}=\frac{1}{\omega}+\frac{2\omega}{(2\pi)^2+\omega^2}+\frac{2\omega}{(4\pi)^2+\omega^2}+\ldots.$$

und hier führt die einfache Bemerkung, dass die linke Seite

$$=\frac{1}{2}\,\frac{e^{\omega}+1}{e^{\omega}-1}=\frac{1}{e^{\omega}-1}+\frac{1}{2}$$

ist, unmittelbar zur obenbenutzten Formel.

wo man die Werthe der beiden ersten Integrale leicht angeben kann, wenn man unter Andern die Formel (3) in §. 6 für $x=\mu$, $t=\omega$ in Anwendung bringt. Es wird so:

$$\frac{d\,l\Gamma(1+\mu)}{d\mu} = l\mu + \frac{1}{2\mu}$$
$$-2\int_0^\infty \left\{\frac{1}{(2\pi)^2+\omega^2} + \frac{1}{(4\pi)^2+\omega^2} + \dots\right\} \omega \overline{e}^{\mu\omega} d\omega.$$

Multiplizirt man diese Gleichung mit $d\mu$ und integrirt hierauf zwischen den Gränzen $\mu=\mu$ und $\mu=n$, so gelangt man unter Berücksichtigung, dass

$$-\int \omega \overline{e}^{\mu\omega} d\mu = \overline{e}^{\mu\omega}$$

ist, leicht zu der Gleichung:

$$l\Gamma(1+\mu) - l\Gamma(1+n) = (\mu+\tfrac{1}{2})\,l\mu - \mu - \left[(n+\tfrac{1}{2})\,ln - n\right]$$
$$+ 2\int_0^\infty \left\{\frac{1}{(2\pi)^2+\omega^2} + \frac{1}{(4\pi)^2+\omega^2} + \dots\dots\right\}\left(\overline{e}^{\mu\omega} - \overline{e}^{n\omega}\right) d\omega.$$

Setzen wir zur Abkürzung

$$2\int_0^\infty \left\{\frac{1}{(2\pi)^2+\omega^2} + \frac{1}{(4\pi)^2+\omega^2} + \dots\right\} \overline{e}^{a\omega} d\omega = f(a) \qquad (3)$$

so nimmt die vorige Gleichung die folgende Form an:

$$l\Gamma(1+\mu) = l\Gamma(1+n) + (\mu+\tfrac{1}{2})\,l\mu - \mu$$
$$- \left[(n+\tfrac{1}{2})\,ln - n\right] + f(\mu) - f(n)$$

oder

$$\left.\begin{aligned} l\Gamma(1+\mu) &= (\mu+\tfrac{1}{2})\,l\mu - \mu + f(\mu) \\ &\quad + l\Gamma(1+n) - (n+\tfrac{1}{2})\,ln + n - f(n). \end{aligned}\right\} \quad (4)$$

Die Natur der hier vorkommenden Funktion f ist nun zwar unbekannt, weil sich die in Nr. (3) vorkommende Integration durch die gewöhnlichen Mittel nicht bewerkstelligen lässt, man kann aber eine Eigenschaft derselben angeben, welche für unsere weitere Betrachtung von grossem Nutzen ist. Da nämlich für ein gerades r der Ausdruck

$\frac{1}{(r\pi)^2+\omega^2}$ (das allgemeine Glied der in Nr. (3) vorkommenden Reihe) zwischen 0 und $\frac{1}{(r\pi)^2}$ liegt, so folgt, dass $f(a)$ zwischen den Grössen

$$0 \text{ und } 2\int_0^\infty \left\{\frac{1}{(2\pi)^2}+\frac{1}{(4\pi)^2}+\ldots\right\} e^{-a\omega} d\omega$$

enthalten ist, woraus man durch Summirung der hier vorkommenden rein numerischen Reihe leicht

$$0 < f(a) < \frac{1}{12}\int_0^\infty e^{-a\omega} d\omega$$

d. i.

$$0 < f(a) < \frac{1}{12a}$$

findet. Aus dieser Bemerkung ergiebt sich sogleich, dass für unbegränzt wachsende a

$$Lim. f(a) = 0 \tag{5}$$

ist. Lassen wir jetzt in der Gleichung (4) n unbegränzt wachsen, und benutzen sogleich das vorstehende Resultat, so wird

$$l\Gamma(1+\mu) = (\mu+\tfrac{1}{2})l\mu - \mu + f(\mu)$$
$$+ Lim.\left\{l\Gamma(1+n) - (n+\tfrac{1}{2})\,ln + n\right\}$$

und da für irgend ein endliches bestimmtes μ alle davon abhängigen Grössen endlich sind, so folgt, dass

$$Lim.\left\{l\Gamma(1+n) - (n+\tfrac{1}{2})\,ln + n\right\}$$

eine bestimmte endliche Grösse, also eine gewisse Constante sein müsse, welche wir vor der Hand mit lk bezeichnen wollen. Es ist demnach

$$l\Gamma(1+\mu) = (\mu+\tfrac{1}{2})\,l\mu - \mu + f(\mu) + lk \tag{6}$$

und hier giebt der Uebergang von den Logarithmen zu den Zahlen

$$\Gamma(1+\mu) = k\frac{\mu^{\mu+\frac{1}{2}}}{e^{\mu}} e^{f(\mu)} = k\sqrt{\mu}\left(\frac{\mu}{e}\right)^{\mu} e^{f(\mu)}$$

oder weil $\Gamma(1+\mu)=\mu\Gamma(\mu)$ ist

$$\Gamma(\mu) = \frac{k}{\sqrt{\mu}}\left(\frac{\mu}{e}\right)^{\mu} e^{f(\mu)} \tag{7}$$

Die Constante k bestimmt sich hier auf folgende Weise:

Das Légendre'sche Theorem [Formel (3) in §. 7] giebt für $n=2$

$$\Gamma(\mu)\,\Gamma(\mu+\tfrac{1}{2}) = \frac{\sqrt{2}}{2^{2\mu}}\sqrt{2\pi}\;\Gamma(2\mu)$$

und folglich muss nach dem Vorigen

$$\frac{k}{\sqrt{\pi}}\left(\frac{\mu}{e}\right)^{\mu} e^{f(\mu)} \cdot \frac{k}{\sqrt{\mu+\frac{1}{2}}}\left(\frac{\mu+\frac{1}{2}}{e}\right)^{\mu+\frac{1}{2}} e^{f(\mu+\frac{1}{2})}$$

$$= \frac{\sqrt{2}}{2^{2\mu}}\sqrt{2\pi}\,.\,\frac{k}{\sqrt{2\mu}}\left(\frac{2\mu}{e}\right)^{2\mu} e^{f(2\mu)}$$

sein. Hebt man hier so weit als möglich, so bleibt

$$k e^{f(\mu)} \cdot \frac{(\mu+\frac{1}{2})^{\mu}}{\sqrt{e}} e^{f(\mu+\frac{1}{2})} = \sqrt{2\pi}\,\mu^{\mu}\,e^{f(2\mu)}$$

woraus

$$k = \sqrt{2\pi}\,\sqrt{e}\left(\frac{\mu}{\mu+\frac{1}{2}}\right)^{\mu} e^{f(2\mu)-f(\mu+\frac{1}{2})-f(\mu)}$$

folgt. Da diese Gleichung für jedes μ bestehen muss, so können wir auch μ ins Unendliche wachsen lassen und den Gränzwerth des Ausdruckes rechts suchen. Dabei ist

$$Lim.\left(\frac{\mu}{\mu+\frac{1}{2}}\right)^{\mu} = Lim.\frac{1}{\left(1+\frac{1}{2}\cdot\frac{1}{\mu}\right)^{\mu}} = \frac{1}{e^{\frac{1}{2}}} = \frac{1}{\sqrt{e}}$$

$$Lim.\,f(2\mu) = Lim.\,f(\mu+\tfrac{1}{2}) = Lim.\,f(\mu) = 0$$

mithin:

$$k = \sqrt{2\pi} \tag{8}$$

und demnach geht die Formel (7) in die folgende über

$$\Gamma(\mu) = \sqrt{\frac{2\pi}{\mu}} \left(\frac{\mu}{e}\right)^{\mu} e^{f(\mu)}. \qquad (9)$$

Man kann dieselbe als eine Näherungsformel betrachten, wenn man berücksichtigt, dass für sehr grosse μ die Funktion $f(\mu)$ sehr klein, folglich $e^{f(\mu)}$ nur wenig von der Einheit verschieden ist; es lässt sich daher die obige Formel auch in der Gestalt

$$\Gamma(\mu) = \sqrt{\frac{2\pi}{\mu}} \left(\frac{\mu}{e}\right)^{\mu} (1+\nu) \qquad (10)$$

darstellen, wenn man unter ν eine Grösse versteht, welche bei unendlich wachsenden μ bis zur Gränze Null abnimmt *).

Die so eben entwickelte Formel giebt zugleich ein sehr einfaches Mittel an die Hand um auch genäherte Ausdrücke für die Fakultäten

$$\mu(\mu+1)\ldots(\mu+n-1) = \frac{\Gamma(\mu+n)}{\Gamma(\mu)}$$

$$1.2\ldots.n = \Gamma(n+1)$$

aufzustellen, durch deren Division man eine Näherungsformel für den Binomialkoeffizienten

$$\frac{(\mu+n-1)(\mu+n-2)\ldots(\mu+n-1-n+1)}{1.2.3\ldots n} = (\mu+n-1)_n$$

---

*) Diese Formel beweist man gewöhnlich dadurch, dass man erst für ganze positive μ

$$l\Gamma(1+\mu) = l1 + l2 + \ldots + l\mu$$

setzt, nach einer Summenformel für

$$f(1)+f(2)+f(3)+\ldots+f(\mu)$$

die rechte Seite in eine unendliche Reihe verwandelt und dann zu den Zahlen zurückgeht. Diese Ableitung hat aber zwei schwache Seiten; einmal passt der Beweis blos auf positive ganze μ und lässt sich nur durch ein sehr ungenügendes Räsonnement auf andere μ ausdehnen; andererseits ist die sogenannte allgemeine Summenformel nichts weniger als allgemein und giebt nur dann unzweifelhafte Resultate, wenn u. A. $f(x)$ sich für alle innerhalb des Intervalles $x=0$ bis $x=\mu$ liegende Werthe von x in eine Reihe von der Form $A+Bx+x^2+$ etc. verwandeln lässt, was aber beim Logarithmus gar nicht der Fall ist.

erhält, in welcher man nachher für $\mu+n-1$ irgend einen einfachen Buchstaben setzen kann. Diese Ausdrücke sind namentlich für die Berechnung der Wahrscheinlichkeiten bei oft wiederholten Versuchen von Wichtigkeit *).

§. 11.

Wir haben bisher nur Gammafunktionen mit positiver Veränderlichen (Argument) betrachtet und für diese alle wünschenswerthen Relationen entwickelt; es liegt uns nun noch ob, die Werthe der Gammafunktionen mit negativen Argumenten, also das Integral

$$\Gamma(-\mu) = \int_0^\infty \frac{dx}{x^{\mu+1}} e^{-x}$$

worin μ an sich positiv ist, zu betrachten.

Es hat keine Schwierigkeit, Integrale dieser Art, auf Gammafunktionen mit positiven Veränderlichen zu reduziren, aber diese Reduktion zeigt zugleich, dass die Werthe derselben sämmtlich unendlich sind. Vermöge der bekannten Reduktionsformel

$$\int uv\,dx = u\int v\,dx - \int du \int v\,dx$$

ist nämlich für $u=e^{-x}$, $v=x^{-\mu-1}$,

$$\int \frac{dx}{x^{\mu+1}} e^{-x} = e^{-x}\int \frac{dx}{x^{\mu+1}} + \int e^{-x}dx \int \frac{dx}{x^{\mu+1}}$$

$$= -\frac{e^{-x}}{\mu x^{\mu}} - \frac{1}{\mu}\int \frac{dx}{x^{\mu}} e^{-x}.$$

*) Man vergleiche hiermit das dritte Capitel von Laplace, *théorie analytique des probabilités*, 3me *édition*, *page* 126, wo dieser Gegenstand sehr ausführlich behandelt ist.

Auf gleiche Weise hat man $\mu - 1$ für μ gesetzt

$$\int \frac{dx}{x^{\mu}} e^{-x} = -\frac{e^{-x}}{(\mu-1)x^{\mu-1}} - \frac{1}{\mu-1}\int \frac{dx}{x^{\mu-1}} e^{-x}$$

ferner

$$\int \frac{dx}{x^{\mu-1}} e^{-x} = -\frac{e^{-x}}{(\mu-2)x^{\mu-2}} - \frac{1}{\mu-2}\int \frac{dx}{x^{\mu-2}} e^{-x}$$

u. s. w. Fährt man so fort bis zu einer beliebigen ganzen Zahl n und substituirt jede Gleichung in die vorhergehende, so erhät man leicht

$$\int \frac{dx}{x^{\mu+1}} e^{-x}$$

$$= -\frac{e^{-x}}{\mu x^{\mu}} + \frac{e^{-x}}{\mu(\mu-1)x^{\mu-1}} - \ldots\ldots + \frac{(-1)^{n+1} e^{-x}}{\mu(\mu-1)\ldots.(\mu-n)x^{\mu-n}}$$

$$+ \frac{(-1)^{n+1}}{\mu(\mu-1)\ldots.(\mu-n)} \int \frac{dx}{x^{\mu-n}} e^{-x}$$

oder

$$\int \frac{dx}{x^{\mu+1}} e^{-x}$$

$$= -\left\{ \frac{1}{\mu} - \frac{x}{\mu(\mu-1)} + \frac{x^2}{\mu(\mu-1)(\mu-2)} - \ldots \right.$$

$$\left. \ldots + \frac{(-1)^{n+1} x^n}{\mu(\mu-1)\ldots.(\mu-n)} \right\} \frac{e^{-x}}{x^{\mu}}$$

$$+ \frac{(-1)^{n+1}}{\mu(\mu-1)\ldots.(\mu-n)} \int x^{n-\mu} e^{-x} dx .$$

Da nun n beliebig ist, so können wir dasselbe $> \mu$ nehmen, so dass das Integral auf der rechten Seite nach Einführung der Gränzen $x = 0$, $x = \infty$ in eine Gammafunktion mit positiven Argument nämlich in $\Gamma(n-\mu+1)$ übergeht. Setzen wir auch im Uebrigen $x=\infty$ und $x=0$, so haben wir vermöge der Bemerkung, dass für jedes positive oder negative p, $Lim.\ x^p e^{-x}=0$ ist,

$$\int^{\infty}\frac{dx}{x^{\mu+1}}e^{-x}=\frac{(-1)^{n+1}}{\mu(\mu-1)\ldots\ldots(\mu-n)}\int^{\infty}x^{n-\mu}e^{-x}dx\ .$$

dagegen für $x=0$,

$$\int_0\frac{dx}{x^{\mu+1}}e^{-x}=-\frac{1}{\mu}\cdot\frac{1}{0}+\frac{(-1)^{n+1}}{\mu(\mu-1)\ldots\ldots(\mu-n)}\int_0 x^{n-\mu}e^{-x}dx$$

mithin durch Subtraktion der unteren Gleichung von der oberen

$$\int_0^{\infty}\frac{dx}{x^{\mu+1}}e^{-x}=\frac{1}{\mu}\cdot\frac{1}{0}+\frac{(-1)^{n+1}}{\mu(\mu-1)\ldots\ldots(\mu-n)}\int_0^{\infty}x^{n-\mu}e^{-x}dx.$$

oder

$$\Gamma(-\mu)=\frac{1}{\mu}\infty+\frac{(-1)^{n+1}}{\mu(\mu-1)\ldots\ldots(\mu-n)}\Gamma(n-\mu+1).$$

Da nun wegen $n>\mu$ die Funktion $\Gamma(n-\mu+1)$ immer eine endliche bestimmte Grösse ist, so folgt, dass für jedes μ, es mag nun eine ganze Zahl sein oder nicht, $\Gamma(-\mu)$ unendlich ist.

Man kann diess auch noch auf andere Weise einsehen. Es war nämlich für jedes μ

$$\Gamma(\mu)\,\Gamma(1-\mu)=\int_0^{\infty}\frac{x^{\mu-1}dx}{1+x}.$$

Setzen wir hier $1+\mu$ an die Stelle von μ, so wird

$$\Gamma(1+\mu)\,\Gamma(-\mu)=\int_0^{\infty}\frac{x^{\mu}dx}{1+x}$$

$$=\int_0^1\frac{x^{\mu}dx}{1+x}+\int_1^{\infty}\frac{x^{\mu}dx}{1+x}.$$

Das erste dieser Integrale hat nun, weil μ positiv ist, immer einen endlichen Werth, wovon man sich leicht durch Verwandlung desselben in eine Reihe überzeugen kann; in dem zweiten dagegen durchläuft x das Intervall $x=1$ bis $x=\infty$, folglich ist, was auch sonst das positive μ sein möge, immer $x^\mu > 1$, und

$$\frac{x^\mu}{1+x} > \frac{1}{1+x}$$

oder die erste Funktion wächst während des Intervalles 1 bis ∞ rascher als die zweite. Nun ist aber schon

$$\int_1^\infty \frac{dx}{1+x} = l(1+\infty) - l2 = \infty$$

folglich um so mehr

$$\int_1^\infty \frac{x^\mu\, dx}{1+x} = \infty.$$

Daraus ergiebt sich $\Gamma(1+\mu)\,\Gamma(-\mu) = \infty$, und da hier $\Gamma(1+\mu)$ wegen des positiven μ immer endlich ist, so muss $\Gamma(-\mu) = \infty$ sein *).

---

*) Légendre glaubt blos für ganze μ sei $\Gamma(-\mu) = \infty$, und will diess aus der Formel (6) in Cap. I. folgern, indem er μ negativ nimmt und daraus die Gleichung

$$\Gamma(-\mu) = \frac{\Gamma(n-\mu)}{(-\mu)(-\mu+1)\,\ldots\,(-\mu+n-1)}$$

ableitet, in welcher er $n > \mu$ setzt. Dabei hat aber Légendre übersehen, dass die angewendete Formel eine Folgerung von der Relation $\Gamma(\mu+1) = \mu\,\Gamma(\mu)$ ist, welche nicht mehr gilt, sobald μ negativ genommen wird, wie man augenblicklich bemerkt, wenn man den Beweis derselben in §. 1 für negative μ umgestalten wollte.

Cap. IV.

Die wichtigsten unter den durch Gammafunktionen ausdrückbaren Integralen.

§. 12.

Unter den verschiedenen Werthen einer Gammafunktion ist besonders derjenige von Interesse, welcher dem Argument $\frac{1}{2}$ entspricht, weil diess der einzige Fall ist, in welchem sich für ein gebrochenes μ die Werthe von $\Gamma(\mu)$ und $\Gamma(n+\mu)$ durch die gewöhnlichen Hülfsmittel der Analysis angeben lassen. Die Integrale

$$\int_0^\infty z^{\frac{1}{2}-1} e^{-rz} dz = \frac{\Gamma(\frac{1}{2})}{\sqrt{r}} = \frac{\sqrt{\pi}}{\sqrt{r}}$$

$$\int_0^\infty z^{n+\frac{1}{2}-1} e^{-rz} dz = \frac{\Gamma(n+\frac{1}{2})}{r^{n+\frac{1}{2}}} = \frac{1\,.\,3\,.\,5\,\ldots\ldots\,(2n-1)}{(2r)^n} \cdot \frac{\sqrt{\pi}}{\sqrt{r}}$$

welche in diesen Fällen aus der Formel (8) in §. 1 entspringen, verdienen daher besondere Aufmerksamkeit.

Zuerst ist zu bemerken, dass man dieselben in etwas anderer Gestalt aufführen kann, wenn man $r=a^2$, $z=x^2$ setzt, wodurch sich die Gränzen nicht ändern und $dz=2x\,dx$ wird. Die obigen Gleichungen gehen dann nach beiderseitiger Division mit 2 in die folgenden über:

$$\int_0^\infty e^{-a^2x^2} dx = \frac{\sqrt{\pi}}{2a} \qquad (1)$$

$$\int_0^\infty x^{2n} e^{-a^2x^2} dx = \frac{1\,.\,3\,.\,5\,\ldots\ldots\,(2n-1)}{2^n a^{2n}} \cdot \frac{\sqrt{\pi}}{2a} \qquad (2)$$

Es liegt nun der Gedanke sehr nahe, in der zweiten dieser Formel n successive $=1, 2, 3, \ldots$ zu nehmen, die einzelnen so entstehenden

Gleichungen mit passenden Coeffizienten zu multipliziren und darauf Alles zu addiren; könnte man dann sowohl die auf der linken, als die auf der rechten Seite entstehende Reihe summiren, so würde man hierdurch zu einem neuen und allgemeineren Integrale gelangen. Diese Idee lässt sich in der That auf folgende spezielle Weise ausführen. Man multiplizire die Gleichung (2) mit $\frac{(2\beta)^{2n}}{1.2.3\ldots.2n}$, dann ist

$$\int_0^\infty \frac{(2\beta x)^{2n}}{1.2.3\ldots.(2n)} e^{-\alpha^2 x^2} dx = \frac{1.3.5\ldots..(2n-1)}{1.2.3\ldots..(2n)} \cdot \frac{2^n\sqrt{\pi}}{2\alpha}\left(\frac{\beta}{\alpha}\right)^{2n}$$

oder weil

$$1.2.3\ldots.(2n) = 1.3.5\ldots..(2n-1).2.4.6\ldots..(2n)$$

$$= 1.3.5\ldots..(2n-1).1.2.3\ldots..n.2^n$$

ist, auch

$$\int_0^\infty \frac{(2\beta x)^{2n}}{1.2.3\ldots..(2n)} e^{-\alpha^2 x^2} dx = \frac{\sqrt{\pi}}{2\alpha} \cdot \frac{\left(\frac{\beta}{\alpha}\right)^{2n}}{1.2.3\ldots.n}.$$

Setzt man hierin der Reihe nach $n = 1, 2, 3 \ldots$ *in inf.*, addirt die entstehenden Gleichungen zu Nr. (1) und bemerkt, dass man auf der linken Seite sämmtliche Integrale wegen der gleichen Integrationsgränzen nach dem Satze

$$\int_a^b F(x)\,dx + \int_a^b f(x)dx + \int_a^b \varphi(x)dx + \int_a^b \psi(x)dx + \ldots$$

$$= \int_a^b \{F(x) + f(x) + \varphi(x) + \psi(x) + \ldots\ldots\}dx$$

in ein einziges zusammenziehen kann, so erhält man:

$$\left.\begin{aligned} &\int_0^\infty \left[1 + \frac{(2\beta x)^2}{1.2} + \frac{(2\beta x)^4}{1.2.3.4} + \ldots\ldots\ldots\right] e^{-\alpha^2 x^2} dx \\ &= \frac{\sqrt{\pi}}{2\alpha}\left[1 + \frac{\left(\frac{\beta}{\alpha}\right)^2}{1} + \frac{\left(\frac{\beta}{\alpha}\right)^4}{1.2} + \frac{\left(\frac{\beta}{\alpha}\right)^6}{1.2.3} + \ldots\ldots\ldots\right]. \end{aligned}\right\} \quad (3)$$

Beide Reihen sind aber für alle möglichen α, β und x convergent und lassen sich nach bekannten Formeln summiren. Es ergiebt sich nämlich

$$\int_0^\infty \frac{e^{2\beta x} + e^{-2\beta x}}{2} e^{-\alpha^2 x^2} dx = \frac{\sqrt{\pi}}{2\alpha} e^{\left(\frac{\beta}{\alpha}\right)^2} \tag{4}$$

worin α und β alle möglichen Werthe haben können.

Da β^{2n} ein willkührlicher Faktor war, so hindert nichts, β imaginär zu nehmen, was Dasselbe ist, als wenn man die Gleichung (2) statt mit β^{2n} mit $(-1)^n \beta^{2n}$ multiplizirt, folglich den Reihen in (3) wechselnde Zeichen verschafft hätte. Setzen wir also $\beta\sqrt{-1}$ an die Stelle von β, so geht die ebengefundene Gleichung in die folgende über:

$$\int_0^\infty \cos 2\beta x\, e^{-\alpha^2 x^2} dx = \frac{\sqrt{\pi}}{2\alpha} e^{-\left(\frac{\beta}{\alpha}\right)^2} \tag{5}$$

welche u. A. in der Wahrscheinlichkeitsrechnung und Wärmetheorie vielfach benutzt wird.

Bei der Wichtigkeit des gefundenen Theoremes dürfte es wohl nicht überflüssig sein, noch einen zweiten, auf ganz anderen Prinzipien beruhenden Beweis desselben zu geben. Setzt man

$$\int_0^\infty \cos 2\beta x\, e^{-\alpha^2 x^2} dx = f(\beta) \tag{6}$$

so ist durch partielle Differenziation nach β

$$\frac{df(\beta)}{d\beta} = -\int_0^\infty 2x \sin 2\beta x\, e^{-\alpha^2 x^2} dx\,. \tag{7}$$

Andererseits hat man nach der Reduktionsformel

$$\int uv dx = u\int v dx - \int du \int v dx$$

für $u = \sin 2\beta x$, $v = 2x\, e^{-\alpha^2 x^2}$,

$$\int 2x \sin 2\beta x \, e^{-\alpha^2 x^2} dx$$

$$= \sin 2\beta x \int 2x \, e^{-\alpha^2 x^2} dx - 2\beta \int \cos 2\beta x \, dx \int 2x \, e^{-\alpha^2 x^2} dx$$

oder weil aus

$$d\left(e^{-\alpha^2 x^2}\right) = -\alpha^2 e^{-\alpha^2 x^2} 2x \, dx$$

folgt

$$-\frac{e^{-\alpha^2 x^2}}{\alpha^2} = \int 2x \, e^{-\alpha^2 x^2} dx$$

auch

$$\int 2x \sin 2\beta x \, e^{-\alpha^2 x^2} dx = -\frac{\sin 2\beta x}{\alpha^2} e^{-\alpha^2 x^2}$$

$$+ \frac{2\beta}{\alpha^2} \int \cos 2\beta x \, e^{-\alpha^2 x^2} dx \, .$$

Hieraus erhält man für $x = \infty$ und $x = 0$,

$$\int_0^\infty 2x \sin 2\beta x \, e^{-\alpha^2 x^2} dx = \frac{2\beta}{\alpha^2} \int_0^\infty \cos 2\beta x \, e^{-\alpha^2 x^2} dx \, .$$

Die Gleichung (7) nimmt durch Substitution dieses Ausdrucks folgende Gestalt an:

$$\frac{df(\beta)}{d\beta} = -\frac{2\beta}{\alpha^2} \int_0^\infty \cos 2\beta x \, e^{-\alpha^2 x^2} dx$$

oder nach Formel (6)

$$\frac{df(\beta)}{d\beta} = -\frac{2\beta}{\alpha^2} f(\beta)$$

d. i.

$$\frac{df(\beta)}{f(\beta)} = -\frac{1}{\alpha^2} 2\beta \, d\beta$$

oder

$$dlf(\beta) = -\frac{1}{\alpha^2} 2\beta\, d\beta\,.$$

Daraus folgt durch Integration

$$lf(\beta) = -\frac{\beta^2}{\alpha^2} + Const.$$

mithin

$$f(\beta) = e^{-\left(\frac{\beta}{\alpha}\right)^2 + Const.} = e^{Const.} e^{-\left(\frac{\beta}{\alpha}\right)^2}$$

und wenn wir den ersten Faktor, welcher constant ist, mit k bezeichnen:

$$f(\beta) = k e^{-\left(\frac{\beta}{\alpha}\right)^2} = \int_0^\infty \cos 2\beta x\, e^{-\alpha^2 x^2} dx\,.$$

Die Constante bestimmt sich dadurch, dass $\beta = 0$ genommen wird, woraus sich ergiebt

$$k = \int_0^\infty e^{-\alpha^2 x^2} dx = \frac{\sqrt{\pi}}{2\alpha}$$

mithin nach dem Vorigen

$$\int_0^\infty \cos 2\beta x\, e^{-\alpha^2 x^2} dx = \frac{\sqrt{\pi}}{2\alpha} e^{-\left(\frac{\beta}{\alpha}\right)^2} \tag{8}$$

übereinstimmend mit dem unter (5) gefundenen Resultate.

Es lässt sich hieraus noch ein anderes und allgemeineres Integral dadurch ableiten, dass man beiderseits mehrfach, etwa n mal partiell nach β differenzirt. Es ist dann

$$\int_0^\infty \frac{d^n \cos 2\beta x}{d\beta^n} e^{-\alpha^2 x^2} dx = \frac{\sqrt{\pi}}{2\alpha} \cdot \frac{d^n\left[e^{-\left(\frac{\beta}{\alpha}\right)^2}\right]}{d\beta^n}$$

oder wenn man links die Differenziation ausführt

$$\int_0^\infty (2x)^n \cos(\tfrac{1}{2}n\pi + 2\beta x)\, e^{-a^2x^2} dx = \frac{\sqrt{\pi}}{2a} \cdot \frac{d^n\left[e^{-\left(\frac{\beta}{a}\right)^2}\right]}{d\beta^n}.$$

Andererseits hat man aber nach einer bekannten Formel *)

$$\frac{d^n e^{ax^2}}{dx^n} =$$

$$\left\{a^n(2x)^n + \frac{n(n-1)}{1} a^{n-1}(2x)^{n-2} \right.$$
$$\left. + \frac{n(n-1)(n-2)(n-3)}{1.2} a^{n-2}(2x)^{n-4} + \ldots \right\} e^{ax^2}$$

folglich wenn man $x = \beta$, $a = -\frac{1}{a^2}$ setzt

$$\frac{d^n\left[e^{-\left(\frac{\beta}{a}\right)^2}\right]}{d\beta^n} = (-1)^n \left(\frac{2\beta}{a^2}\right)^n \left[1 - \frac{n(n-1)}{1}\left(\frac{a}{2\beta}\right)^2\right.$$
$$\left. + \frac{n(n-1)(n-2)(n-3)}{1.2}\left(\frac{a}{2\beta}\right)^4 - \ldots\right] e^{-\left(\frac{\beta}{a}\right)^2}$$

und also nach dem Vorigen

$$\left.\begin{aligned} &\int_0^\infty x^n \cos(\tfrac{1}{2}n\pi + 2\beta x)\, e^{-a^2x^2} dx \\ &= (-1)^n \frac{\sqrt{\pi}}{2a}\left(\frac{\beta}{a^2}\right)^n \left[1 - \frac{n(n-1}{1}\left(\frac{a}{2\beta}\right)^2\right. \\ &\qquad \left. + \frac{n(n-1)(n-2)(n-3)}{1.2}\left(\frac{a}{2\beta}\right)^4 - \ldots\right] e^{-\left(\frac{\beta}{a}\right)^2}. \end{aligned}\right\} \quad (9)$$

---

*) M. s. mein *Handbuch der Differenzial- und Integralrechnung Theil I, S. 89, Formel* (10).

§. 13.

Mittelst einer Methode, welcher der zweiten im vorigen Paragraphen benutzten völlig analog ist, kann man auch leicht die Werthe der Integrale

$$u = \int_0^\infty x^{\mu-1} \overset{-x}{e} \cos tx \, dx \tag{1}$$

$$v = \int_0^\infty x^{\mu-1} \overset{-x}{e} \sin tx \, dx \tag{2}$$

auf Gammafunktionen reduziren. Durch Differenziation nach der willkührlichen Constanten t erhöht man zunächst die Dimension der Differenzialformel, erniedrigt sie dann wieder durch partielle Integration und zieht aus der Vergleichung beider Rechnungen eine Differenzialgleichung, welche sich leicht integriren lässt. Man hat in unserem Falle

$$\frac{du}{dt} = -\int_0^\infty x^{\mu} \overset{-x}{e} \sin tx \, dx \tag{3}$$

$$\frac{dv}{dt} = \int_0^\infty x^{\mu} \overset{-x}{e} \cos tx \, dx \, . \tag{4}$$

Ferner ist durch partielle Integration

$$\int x^{\mu} \overset{-x}{e} \sin tx \, dx = x^{\mu} \int \overset{-x}{e} \sin tx \, dx$$
$$- \mu \int x^{\mu-1} dx \int \overset{-x}{e} \sin tx \, dx \, .$$

Berücksichtigt man hier die bekannte Integralformel

$$\int \overset{-x}{e} \sin tx \, dx = -\frac{t \cos tx + \sin tx}{1+t^2} \overset{-x}{e}$$

und führt die Gränzen $x = \infty$, $x = 0$ ein, wobei $x^{\mu} \overset{-x}{e}$ immer Null wird, wenn μ eine positive von Null verschiedene Grösse ist, so ergiebt sich:

$$\int_0^\infty x^\mu e^{-x} \sin tx\, dx = \frac{\mu}{t^2+1} \int_0^\infty x^{\mu-1} [t \cos tx + \sin tx]\, e^{-x} dx$$

d. i. nach (3), (1) und (2)

$$\frac{du}{dt} = -\frac{\mu}{t^2+1} [tu + v]. \tag{5}$$

Behandelt man ebenso das Integral auf der rechten Seite von (4), wobei man die Formel

$$\int e^{-x} \cos tx\, dx = \frac{-\cos tx + t \sin tx}{1+t^2} e^{-x}$$

anzuwenden Gelegenheit hat, so findet man

$$\frac{dv}{dt} = -\frac{\mu}{t^2+1} [-u + tv]. \tag{6}$$

Um nun aus den beiden Differenzialformeln (5) und (6) die unbekannten Grössen u und v als Funktionen von t zu entwickeln, was auf dem gewöhnlichen von Poisson eingeschlagenen Wege etwas weitläufig wird, multipliziren wir die Gleichung (6) mit $\sqrt{-1} = i$ und ziehen sie von der vorhergehenden ab; es wird so

$$\frac{du}{dt} - i \frac{dv}{dt}$$

$$= -\frac{\mu}{t^2+1} [t(u - vi) + v + ui].$$

Durch die Bemerkung, dass $v + ui = i(u - vi)$ ist, gestaltet sich der Inhalt der Parenthese zu $(t+i)(u-vi)$, und wenn wir jetzt

$$u - vi = w \tag{7}$$

setzen, so wird sehr einfach

$$\frac{dw}{dt} = -\frac{\mu}{t^2+1} (t+i) w = -\frac{\mu}{t-i} w = -\frac{\mu i}{ti+1} w.$$

Aus dieser Differenzialgleichung geht hervor *), dass

---

*) Für $ti = \tau$ verwandelt sich nämlich die Differenzialgleichung in

$$\frac{dw}{d\tau} = -\frac{\mu}{\tau+1} w \quad \text{oder} \quad \frac{dw}{w} = -\mu \frac{d\tau}{\tau+1}$$

$$w = \frac{C}{(ti+1)^{\mu}}$$

ist, wenn C eine willkührliche constante Grösse bezeichnet. Setzt man dagegen in Nr. (7) für u und v ihre Werthe aus (1) und (2) so wird wegen $\cos tx - i \sin tx = e^{-txi}$

$$w = \int_0^{\infty} x^{\mu-1} e^{-(1+ti)x}\, dx = \frac{C}{(1+ti)^{\mu}}.$$

Die Constante C bestimmt sich durch die Spezialisirung $t=0$, woraus $\Gamma(\mu) = C$ und mithin

$$\int_0^{\infty} x^{\mu-1} e^{-(1+ti)x}\, dx = \frac{\Gamma(\mu)}{(1+ti)^{\mu}}$$

folgt. Dieses Resultat lässt sich noch verallgemeineren, wenn man $\frac{b}{a}$ für t und ax für x schreibt, wobei aber a eine wesentlich positive weder unendlich zu- noch abnehmende Grösse sein muss, wenn sich die Integrationsgränzen nicht ändern sollen. Man findet unter diesen Bedingungen

$$\int_0^{\infty} x^{\mu-1} e^{(a+bi)x}\, dx = \frac{\Gamma(\mu)}{(a+bi)^{\mu}}. \tag{8}$$

Es geht aus dieser Gleichung die wichtige Bemerkung hervor, dass die Formel

$$\int_0^{\infty} x^{\mu-1} e^{-kx}\, dx = \frac{\Gamma(\mu)}{k^{\mu}}$$

---

woraus durch Integration

$$lw = Const. - \mu l(\tau+1)$$

oder

$$w = e^{Const. - \mu l(\tau+1)} = \frac{e^{Const.}}{(\tau+1)^{\mu}}$$

folgt, was für $e^{Const.} = C$, $\tau = ti$ mit der obigen Angabe zusammenfällt.

welche wir in §. 1 für blos reelle k kennen lernten, auch für ein complexes k gilt, sobald der reelle Bestandtheil desselben eine positive endliche Grösse ist.

Wollen wir in der Gleichung (8) eine Trennung der reellen und imaginären Partieen vornehmen, so haben wir

$$a + bi = \varrho(\cos\omega + i\sin\omega)$$

zu setzen, woraus

$$\varrho = (a^2 + b^2)^{\frac{1}{2}}, \quad \omega = Arctan\,\frac{b}{a} + n\pi$$

folgt, indem wir wie gewöhnlich unter $Arctan\,z$ den kleinsten zur Tangente z gehörigen Bogen und unter n eine ganze Zahl verstehen. Es wird jetzt aus (8)

$$\int_0^\infty x^{\mu-1} e^{-ax} \cos bx\, dx - i\int_0^\infty x^{\mu-1} e^{-ax} \sin bx\, dx$$

$$= \frac{\Gamma(\mu)}{\varrho^\mu(\cos\mu\omega + i\sin\mu\omega)} = \frac{\Gamma(\mu)}{\varrho^\mu}(\cos\mu\omega - i\sin\mu\omega)$$

$$= \frac{\Gamma(\mu)\cos\left(\mu\, Arctan\,\frac{b}{a} + n\pi\right)}{(a^2+b^2)^{\frac{1}{2}\mu}} - i\,\frac{\Gamma(\mu)\sin\left(\mu\, Arctan\,\frac{b}{a} + n\pi\right)}{(a^2+b^2)^{\frac{1}{2}\mu}}.$$

Da n weder von a noch von b abhängt, so reicht eine beliebige Spezialisirung dieser Grössen zur Bestimmung von n hin. So ergiebt sich für $a = 1$, $b = 0$,

$$\int_0^\infty x^{\mu-1} e^{-x} dx = \Gamma(\mu)\cos n\mu\pi$$

und da andererseits die linke Seite $\Gamma(\mu)$ zum Werthe hat, so kann diese Gleichung wegen des willkührlichen μ nur dann bestehen, wenn $n = 0$ ist. Die Vergleichung der reellen und imaginären Partieen giebt jetzt:

$$\int_0^\infty x^{\mu-1} e^{-ax} \cos bx\, dx = \frac{\Gamma(\mu) \cos\left(\mu \operatorname{Arctan} \frac{b}{a}\right)}{(a^2+b^2)^{\frac{1}{2}\mu}} \tag{9}$$

$$\int_0^\infty x^{\mu-1} e^{-ax} \sin bx\, dx = \frac{\Gamma(\mu) \sin\left(\mu \operatorname{Arctan} \frac{b}{a}\right)}{(a^2+b^2)^{\frac{1}{2}\mu}} \tag{10}$$

wobei nicht zu vergessen ist, dass a und μ positive endliche Grössen sein müssen.

Wir haben nun noch den Fall $a=0$ zu betrachten, welcher sich aus der vorhergehenden Betrachtung nicht ergiebt und auf welchen überhaupt die ganze Methode nicht anwendbar ist, weil die Produkte $x^\mu \sin tx$ und $x^\mu \cos tx$ nicht für $x=0$ und $x=\infty$ gleichzeitig verschwinden wie $x^\mu e^{-x}$. Wir schlagen daher einen anderen Weg ein, bei welchem es uns zunächst darauf ankommt, die Werthe der Integrale

$$\int_0^\infty \frac{\cos bs}{s^\lambda} ds \quad \text{und} \quad \int_0^\infty \frac{\sin bs}{s^\lambda} ds$$

zu bestimmen, aus welchen die ursprünglich gesuchten sehr leicht abgeleitet werden können.

Da nach den Fundamentaleigenschaften der Gammafunktionen

$$\frac{1}{s^\lambda} = \frac{1}{\Gamma(\lambda)} \int_0^\infty x^{\lambda-1} e^{-sx} dx$$

ist, so hat man offenbar

$$\int_0^\infty \frac{\cos bs}{s^\lambda} ds = \frac{1}{\Gamma(\lambda)} \int_0^\infty \cos bs\, ds \int_0^\infty x^{\lambda-1} e^{-sx} dx \tag{11}$$

$$\int_0^\infty \frac{\sin bs}{s^\lambda} ds = \frac{1}{\Gamma(\lambda)} \int_0^\infty \sin bs\, ds \int_0^\infty x^{\lambda-1} e^{-sx} dx. \tag{12}$$

Kehrt man auf der rechten Seite die Integrationsordnung um, so ist auch:

$$\int_0^\infty \frac{\cos bs}{s^\lambda}\,ds = \frac{1}{\Gamma(\lambda)}\int_0^\infty x^{\lambda-1}dx\int_0^\infty e^{-xs}\cos bs\,ds$$

$$= \frac{1}{\Gamma(\lambda)}\int_0^\infty x^{\lambda-1}dx\,\frac{x}{b^2+x^2}$$

$$\int_0^\infty \frac{\sin bs}{s^\lambda}\,ds = \frac{1}{\Gamma(\lambda)}\int_0^\infty x^{\lambda-1}dx\int_0^\infty e^{-xs}\sin bs\,ds$$

$$= \frac{1}{\Gamma(\lambda)}\int_0^\infty x^{\lambda-1}\cdot dx\,\frac{b}{b^2+x^2}$$

und wenn man in beiden Integralen $x = bz$ nimmt, so wird unter der Voraussetzung eines positiven endlichen b

$$\int_0^\infty \frac{\cos bs}{s^\lambda}\,ds = \frac{b^{\lambda-1}}{\Gamma(\lambda)}\int_0^\infty \frac{z^\lambda dz}{1+z^2} \tag{13}$$

$$\int_0^\infty \frac{\sin bs}{s^\lambda}\,ds = \frac{b^{\lambda-1}}{\Gamma(\lambda)}\int_0^\infty \frac{z^{\lambda-1}dz}{1+z^2}. \tag{14}$$

Die Werthe beider Integrale rechts sind sehr leicht zu finden, wenn man in der bekannten Formel

$$\int_0^\infty \frac{r^{\mu-1}dr}{1+r} = \frac{\pi}{\sin\mu\pi},\ 1>\mu>0$$

statt r die neue Variable z^2 einführt und dann $\mu = \frac{\lambda+1}{2}$ und $\mu = \frac{\lambda}{2}$ setzt. Man erhält so:

$$\int_0^\infty \frac{\cos bs}{s^\lambda}\, ds = \frac{b^{\lambda-1}}{\Gamma(\lambda)} \frac{\pi}{2\cos\frac{1}{2}\lambda\pi}, \quad 1 > \lambda > 0, \tag{15}$$

$$\int_0^\infty \frac{\sin bs}{s^\lambda}\, ds = \frac{b^{\lambda-1}}{\Gamma(\lambda)} \frac{\pi}{2\sin\frac{1}{2}\lambda\pi}, \quad 2 > \lambda > 0. \tag{16}$$

Für alle anderen Werthe von λ dagegen werden die Integrale unendlich. Für $\lambda = 1$ fällt das zweite Integral noch endlich aus, nämlich

$$\int_0^\infty \frac{\sin bs}{s}\, ds = \frac{\pi}{2} \tag{17}$$

wobei wie bisher $\infty > b > 0$ sein muss.

Setzt man in den Gleichungen (15) und (16) $s = x$, $\lambda = 1 - \mu$ und berücksichtigt die Formel

$$\Gamma(1-\mu) = \frac{1}{\Gamma(\mu)} \cdot \frac{\pi}{2\sin\frac{1}{2}\mu\pi\cos\frac{1}{2}\mu\pi}$$

so ergiebt sich leicht für $\infty > b > 0$

$$\int_0^\infty x^{\mu-1} \cos bx\, dx = \frac{\Gamma(\mu)\cos\frac{1}{2}\mu\pi}{b^\mu}, \quad 1 > \mu > 0 \tag{18}$$

$$\int_0^\infty x^{\mu-1} \sin bx\, dx = \frac{\Gamma(\mu)\cos\frac{1}{2}\mu\pi}{b^\mu}, \quad 1 > \mu - 1. \tag{19}$$

Das Nämliche findet man auch aus den Gleichungen (9) und (10) für $a = 0$, nur mit dem Unterschiede, dass man die Gränzen, innerhalb deren μ liegen muss, nicht mit erfährt*). Bezeichnet man wieder

---

*) In dieser Beziehung macht Moigno in seinem *calcul intégral S.* 307 *und* 308 einen Fehler. Er beweisst nämlich, dass wenn die Funktion $F(z)$ für $z = (a+bi)x$ dergestalt zerlegt werden kann, dass

$$F[(a+bi)x] = \Phi(x) + i\,\Psi(x)$$

$\sqrt{-1}$ mit i, so lassen sich die beiden Formeln (18) und (19) in die eine zusammenziehen.

$$\int_0^\infty x^{\mu-1} e^{bxi} dx = \frac{\Gamma(\mu)}{b^\mu} e^{\frac{1}{2}\mu\pi i}, \quad 1 > \mu > 0. \tag{20}$$

Als Beispiel ist der Fall $\mu = \frac{1}{2}$ von Interesse, für welchen

$$\int_0^\infty \frac{\cos bx}{\sqrt{x}} dx = \int_0^\infty \frac{\sin bx}{\sqrt{x}} = \sqrt{\frac{\pi}{2b}} \tag{21}$$

und

$$\int_0^\infty \frac{dx}{\sqrt{x}} e^{bxi} = \sqrt{\frac{\pi}{b}} e^{\frac{1}{4}\pi i}$$

zum Vorschein kommt. Für $x = t^2$ wird noch

$$\int_0^\infty \cos(bt^2)\, dt = \int_0^\infty \sin(bt^2)\, dt = \frac{1}{2}\sqrt{\frac{\pi}{2b}}$$

$$\int_0^\infty e^{bt^2 i} dt = \frac{1}{2}\sqrt{\frac{\pi}{b}} e^{\frac{1}{4}\pi i}.$$

---

ist und wenn ferner ein Werth ξ von x existirt, für welchen $x\Phi(x)$ und $x\Psi(x)$ gleichzeitig verschwinden, die Formel

$$(a+bi)\int_0^\xi F[(a+bi)x]\, dx = a\int_0^\xi F(ax)\, dx$$

gilt. Diess passt allerdings auf die Annahme $F(x) = x^{\mu-1} e^{-x}$, $\xi = \infty$, aber nur unter der Voraussetzung, dass a nicht $= 0$ ist und daher darf man nicht, wie Moigno thut, die Formeln (9) und (10), welche sich mittelst dieses Theoremes ergeben, für $a = 0$ in Anspruch nehmen wollen. Die Gleichungen (18) und (19) erhalten dann einen Schimmer von Allgemeinheit, dessen Trüglichkeit man erst in speziellen Fällen gewahr wird, wie z. B. wenn man in der ersteren $\mu = 2$ nehmen wollte.

Schreibt man noch h für b und nimmt die Integrale zwischen den Gränzen $-\infty$ und $+\infty$ statt 0 und ∞ so ist auch

$$\int_{-\infty}^{\infty} \cos(ht^2)\,dt = \int_{-\infty}^{\infty} \sin(ht^2)\,dt = \sqrt{\frac{\pi}{2h}}$$

$$\int_{-\infty}^{\infty} e^{ht^2 i}\,dt = \sqrt{\frac{\pi}{h}}\,e^{\frac{1}{4}\pi i}$$

weil die Integrale von $t=0$ bis $t=-\infty$ offenbar die nämlichen Werthe haben wie von $t=0$ bis $t=+\infty$. Setzt man noch im letzten Integrale

$$t = u + \frac{k}{h}$$

wodurch sich die Integrationsgränzen nicht ändern, so findet man leicht

$$\int_{-\infty}^{\infty} e^{(hu^2+2ku)i}\,du = \sqrt{\frac{\pi}{h}}\,e^{\left(\frac{\pi}{4}-\frac{k^2}{h}\right)i} \tag{22}$$

wovon später eine interessante Anwendung vorkommen wird.

§. 14.

Aus den Formeln (9) und (10) kann man dadurch, dass man nach μ als Veränderlicher differenziirt, noch einige andere bemerkenswerthe Integrale ableiten. Die genannte Differenziation ist sehr leicht auszuführen, wenn man wieder wie früher $Arctan\,\frac{b}{a} = \Theta$ und $\sqrt{a^2+b^2} = r$ setzt, wobei zu bemerken ist, dass hier r und Θ von μ unabhängig sind. Schreibt man das Integral (16) unter der Form

$$\int_0^{\infty} x^{\mu-1} e^{-ax} \cos bx\,dx = \Gamma(\mu) \cos\mu\Theta \left(\frac{1}{r}\right)^{\mu}$$

und differenziirt für $\Gamma(\mu) = u$, $\cos\mu\Theta\left(\frac{1}{r}\right)^{\mu} = v$ nach der Regel $d \cdot uv = udv + vdu$, so erhält man

$$\int_0^{\infty} lx \cdot x^{\mu-1} e^{-ax} \cos bx\, dx$$

$$= \Gamma(\mu)\left\{\cos\mu\Theta\left(\frac{1}{r}\right)^{\mu} l\left(\frac{1}{r}\right) - \Theta \sin\mu\Theta\left(\frac{1}{r}\right)^{\mu}\right\}$$

$$+ \Gamma'(\mu) \cos\mu\Theta\left(\frac{1}{r}\right)^{\mu}.$$

Dabei ist nun wegen $\frac{d\,l\,\Gamma(\mu)}{d\mu} = \frac{\Gamma'(\mu)}{\Gamma(\mu)}$ auch $\Gamma'(\mu) = \Gamma(\mu)\frac{d\,l\,\Gamma(\mu)}{d\mu}$ oder nach Formel (8) in §. 6,

$$\Gamma'(\mu) = \Gamma(\mu)\left[-C + \int_0^1 \frac{1-x^{\mu-1}}{1-x}\,dx\right].$$

Durch Einführung dieses Werthes nimmt die oben entwickelte Gleichung folgende Form an:

$$\int_0^{\infty} lx \cdot x^{\mu-1} e^{-ax} \cos bx\, dx$$

$$= \frac{\Gamma(\mu)}{r^{\mu}}\left\{l\left(\frac{1}{r}\right)\cos\mu\Theta - \Theta\sin\mu\Theta\right\}$$

$$+ \frac{\Gamma(\mu)\cos\mu\Theta}{r^{\mu}}\left\{-C + \int_0^1 \frac{1-x^{\mu-1}}{1-x}\,dx\right\}.$$

Nimmt man beide Seiten negativ, was links dadurch geschieht, dass man $l\left(\frac{1}{x}\right)$ an die Stelle von lx setzt und führt darauf die Werthe von r und Θ wieder ein, so hat man:

$$\left.\begin{aligned}
&\int_0^\infty l\left(\frac{1}{x}\right) x^{\mu-1} e^{-ax} \cos bx\,dx \\
&= \frac{\Gamma(\mu)}{(a^2+b^2)^{\frac{1}{2}\mu}} \left[\tfrac{1}{2} l(a^2+b^2) \cos\left(\mu \operatorname{Arctan}\frac{b}{a}\right)\right. \\
&\qquad\qquad \left. + \operatorname{Arctan}\frac{b}{a} \sin\left(\mu \operatorname{Arctan}\frac{b}{a}\right)\right] \\
&+ \frac{\Gamma(\mu)\cos\left(\mu \operatorname{Arctan}\frac{b}{a}\right)}{(a^2+b^2)^{\frac{1}{2}\mu}} \left[C - \int_0^1 \frac{1-x^{\mu-1}}{1-x}\,dx\right]
\end{aligned}\right\} \quad (23)$$

und hiermit ist das Integral links auf ein viel einfacheres zurückgeführt, dessen Werth sich für rationale μ nach den gewöhnlichen Regeln unmittelbar angeben und für irrationale μ wenigstens näherungsweise berechnen lässt.

Behandelt man auf ganz dieselbe Weise die Gleichung

$$\int_0^\infty x^{\mu-1} e^{-ax} \sin bx\,dx = \Gamma(\mu) \sin \mu\Theta \left(\frac{1}{r}\right)^\mu$$

so gelangt man leicht zu dem analogen Resultate:

$$\left.\begin{aligned}
&\int_0^\infty l\left(\frac{1}{x}\right) x^{\mu-1} e^{-ax} \sin bx\,dx \\
&= \frac{\Gamma(\mu)}{(a^2+b^2)^{\frac{1}{2}\mu}} \left[\tfrac{1}{2} l(a^2+b^2) \sin\left(\mu \operatorname{Arctan}\frac{b}{a}\right)\right. \\
&\qquad\qquad \left. - \operatorname{Arctan}\frac{b}{a} \cos\left(\mu \operatorname{Arctan}\frac{b}{a}\right)\right] \\
&+ \frac{\Gamma(\mu)\sin\left(\mu \operatorname{Arctan}\frac{b}{a}\right)}{(a^2+b^2)^{\frac{1}{2}\mu}} \left[C - \int_0^1 \frac{1-x^{\mu-1}}{1-x}\,dx\right].
\end{aligned}\right\} \quad (24)$$

Die gefundenen Gleichungen (23) und (24) gelten ohne Einschränkung für jedes positive von Null verschiedene a; ist aber $a=0$, so muss in (23) $1 > \mu > 0$ und in (24) $1 > \mu > -1$ sein, weil dann die Formeln (15) und (16) in (21) und (22) übergehen.

Interessante spezielle Fälle unserer Gleichungen sind folgende:

I. $\mu = 1$; man hat dann

$$\cos\left(\operatorname{Arctan}\frac{b}{a}\right) = \cos\left(\operatorname{Arccos}\frac{1}{\sqrt{1+\left(\frac{b}{a}\right)^2}}\right) = \frac{a}{\sqrt{a^2+b^2}}$$

$$\sin\left(\operatorname{Arctan}\frac{b}{a}\right) = \sin\left(\operatorname{Arcsin}\frac{\frac{b}{a}}{\sqrt{1+\left(\frac{b}{a}\right)^2}}\right) = \frac{b}{\sqrt{a^2+b^2}}$$

folglich

$$\left.\begin{aligned} &\int_0^\infty l\left(\frac{1}{x}\right) e^{-ax} \cos bx\, dx \\ &= \frac{1}{a^2+b^2}\left[\tfrac{1}{2} a\, l(a^2+b^2) + b \operatorname{Arctan}\frac{b}{a} + a\,C\right] \end{aligned}\right\} \quad (25)$$

$$\left.\begin{aligned} &\int_0^\infty l\left(\frac{1}{x}\right) e^{-ax} \sin bx\, dx \\ &= \frac{1}{a^2+b^2}\left[\tfrac{1}{2} b\, l(a^2+b^2) - a \operatorname{Arctan}\frac{b}{a} + b\,C\right]. \end{aligned}\right\} \quad (26)$$

II. Ist μ eine ganze positive Zahl > 1, so hat es keine Schwierigkeit, das jedesmal auf der rechten Seite von (23) oder (24) vorkommende Integral auszuführen. Denn für $\mu = n + 1$ wird

$$\int_0^1 \frac{1-x^n}{1-x} dx = \int_0^1 \left\{1 + x + x^2 + x^3 + \ldots. + x^{n-1}\right\} dx$$

$$= 1 + \frac{1}{2} + \frac{1}{3} + \frac{1}{3} + \ldots + \frac{1}{n}.$$

III. Für $b = 0$ ist nach Formel (23)

$$\int_0^\infty l\left(\frac{1}{x}\right) x^{\mu-1} e^{-ax} dx = \frac{\Gamma(\mu)}{a^\mu}\left[la + C - \int_0^1 \frac{1-x^{\mu-1}}{1-x} dx\right]$$

also z. B. für $\mu = \frac{1}{2}$ und $x = z^2$,

$$\int_0^\infty l\left(\frac{1}{z}\right)\overset{-ax^2}{e}\, dz = \frac{\sqrt{\pi}}{4\sqrt{a}}\,[la + C + 2l2] .$$

§. 15.

Die Formeln (9) und (10) in §. 13 lassen sich mit den ebendaselbst entwickelten (19) und (20) selbst wieder combiniren, wodurch man noch zu einigen neuen Integralen gelangt, deren Differenzialformeln aus goniometrischen Funktionen zusammengesetzt sind. — Schreibt man nämlich in Nr. (9) p und u für μ und b, multiplizirt die so entstehende Gleichung

$$\int_0^\infty x^{p-1}\overset{-ax}{e} \cos ux\, dx = \frac{\Gamma(p) \cos (p \operatorname{Arctan} u)}{(1+u^2)^{\frac{1}{2}p}}$$

worin $a = 1$ ist, mit

$$\frac{du}{u^q}$$

und integrirt hierauf zwischen den Gränzen $u = 0$, $u = \infty$, so ergiebt sich:

$$\left.\begin{aligned} &\int_0^\infty \frac{du}{u^q} \int_0^\infty x^{p-1}\overset{-x}{e} \cos ux\, dx \\ &= \Gamma(p) \int_0^\infty \frac{\cos (p \operatorname{Arctan} u)}{(1+u^2)^{\frac{1}{2}p}}\, \frac{du}{u^q} .\end{aligned}\right\} \quad (1)$$

Hier hat man nun einen von den glücklichen Fällen, in welchen sich zwei angezeigte Integrationen ausführen lassen, sobald man die Ordnung der Integrationen umkehrt. Die linke Seite der Gleichung (1) geht nämlich unter Anwendung dieser Operation in:

$$\int_0^\infty x^{p-1} e^{-x} dx \int_0^\infty \frac{\cos xu}{u^q} du$$

über, wobei man die Formel (19) benutzen kann, wenn man in ihr

an die Stelle von x, b, λ

die Buchstaben u, x, q

treten lässt. Dass fragliche Doppelintegral verwandelt sich dann in

$$\int_0^\infty x^{p-1} e^{-x} dx \cdot \frac{x^{q-1}}{\Gamma(q)} \cdot \frac{\pi}{2\cos \frac{1}{2}q\pi}, \quad 1 > q > 0$$

oder wenn man auch die Integration nach x ausführt, in

$$\frac{\Gamma(p+q-1)}{\Gamma(q)} \cdot \frac{\pi}{2\cos \frac{1}{2}q\pi}, \quad 1 > q > 0,$$

und diess ist der Werth der linken Seite in der Gleichung (1). Es wird demnach

$$\int_0^\infty \frac{\cos (p \operatorname{Arctan} u)}{(1+u^2)^{\frac{1}{2}p}} \cdot \frac{du}{u^q} = \frac{\Gamma(p+q-1)}{\Gamma(p)\Gamma(q)} \cdot \frac{\pi}{2\cos \frac{1}{2}q\pi}, \quad 1 > q > 0. \qquad (2)$$

Bevor wir nun zeigen, auf welche Weise sich dieses Integral in eine andere sehr geschmeidige Form bringen lässt, wollen wir erst eine ganz analoge Gleichung entwickeln, weil die zu jener Transformation erforderliche Substitution auf beide Integrale völlig gleichförmig anwendbar ist.

Für $a = 1$, $b = u$, $\mu = p$ geht die Formel (16) des §. 12 in

$$\int_0^\infty x^{p-1} e^{-x} \sin ux \, dx = \frac{\Gamma(p) \sin (p \operatorname{Arctan} u)}{(1+u^2)^{\frac{1}{2}p}}$$

über, woraus man durch Multiplikation mit $\frac{du}{u^q}$ und Integration von $u = 0$ bis $u = \infty$ die Gleichung:

$$\left.\begin{aligned}&\int_0^\infty \frac{du}{u^q}\int_0^\infty x^{p-1}e^{-x}\sin ux\,dx\\ &=\Gamma(p)\int_0^\infty \frac{\sin(p\,Arctan\,u)}{(1+u^2)^{\frac{1}{2}p}}\cdot\frac{du}{u^q}\end{aligned}\right\}\tag{3}$$

erhält. Umkehrung der Integrationsordnung giebt hier auf der linken Seite

$$\int_0^\infty x^{p-1}e^{-x}dx\int_0^\infty \frac{\sin xu}{u^q}du$$

$$=\int_0^\infty x^{p-1}e^{-x}dx\,\frac{x^{q-1}}{\Gamma(q)}\cdot\frac{\pi}{2\sin\frac{1}{2}q\pi}=\frac{\Gamma(p+q-1)}{\Gamma(q)}\cdot\frac{\pi}{2\sin\frac{1}{2}q\pi}$$

$$2>q>0$$

und folglich nach Nr. (3)

$$\int_0^\infty \frac{\sin(p\,Arctan\,u)}{(1+u^2)^{\frac{1}{2}p}}\cdot\frac{du}{u^q}=\frac{\Gamma(p+q-1)}{\Gamma(p)\,\Gamma(q)}\cdot\frac{\pi}{2\sin\frac{1}{2}q\pi},\quad 2>q>0,\tag{4}$$

und diess ist das Gegenstück zur Gleichung (2).

Nimmt man jetzt in den Formeln (2) und (4)

$$Arctan\,u=x,\ \text{also}\ u=\tan x$$

so folgt

$$1+u^2=\frac{1}{\cos^2 x},\quad du=\frac{dx}{\cos^2 x}.$$

Wenn ferner $u=0$ und $u=\infty$ geworden ist, so hat x die Werthe $x=0$ und $x=\frac{\pi}{2}$ angenommen und so erhält man zusammen:

$$\int_0^{\frac{\pi}{2}} \cos px \cos^{p-2} x \cot^q x \, dx = \frac{\Gamma(p+q-1)}{\Gamma(p)\,\Gamma(q)} \cdot \frac{\pi}{2\cos\frac{1}{2}q\pi}, \; 1>q>0. \quad (5)$$

$$\int_0^{\frac{\pi}{2}} \sin px \cos^{p-2} x \cot^q x \, dx = \frac{\Gamma(p+q-1)}{\Gamma(p)\,\Gamma(q)} \cdot \frac{\pi}{2\sin\frac{1}{2}q\pi}, \; 2>q>0. \quad (6)$$

Da p hier noch völlig willkührlich ist, so enthalten diese Formeln eine grosse Menge spezieller Fälle in sich, die nur zum Theil bekannt sind. Für $p=1$ erhält man nichts wesentlich Neues; für $p=2$ z. B.

$$\int_0^{\frac{\pi}{2}} \cos 2x \cot^q x \, dx = \frac{q\pi}{2\cos\frac{1}{2}q\pi}, \; 1>q>0. \quad (7)$$

$$\int_0^{\frac{\pi}{2}} \sin 2x \cot^q x \, dx = \frac{q\pi}{2\sin\frac{1}{2}q\pi}, \; 2>q>0. \quad (8)$$

Nimmt man dagegen in der Formel (6) $q=1$, was in Nr. (5) nicht geschehen darf, so wird

$$\int_0^{\frac{\pi}{2}} \frac{\sin px}{\sin x} \cos^{p-1} x \, dx = \frac{\pi}{2} \quad (9)$$

für jedes positive von Null verschiedene p *).

Setzt man in der Formel (5) μ für q und eine ganze positive Zahl n an die Stelle von p, so erhält man unter Anwendung des bekannten Satzes $\Gamma(\mu+m)=\mu(\mu+1)\ldots(\mu+m-1)\,\Gamma(\mu)$ für $m=n-1$ leicht

$$\left.\begin{aligned} &\int_0^{\frac{\pi}{2}} (r\cos x)^n \cos nx \,.\, \frac{\cot^\mu x \, dx}{\cos^2 x} \\ &= \frac{\mu(\mu+1)(\mu+2)\ldots\ldots(\mu+n-2)}{1.2.3\ldots\ldots(n-1)} r^n \cdot \frac{\pi}{2\cos\frac{1}{2}\mu\pi}, \end{aligned}\right\} \quad (10)$$

*) Diese spezielle Formel findet auch Liouville in Crelle's *Journal Bd.* 13, *S.* 232.

wobei r^n ein beiderseits willkührlich zugesetzter constanter Faktor ist. Beachtet man nun, dass der Coeffizient von r^n ein Binomialcoeffizient ist, so erhellt auf der Stelle, dass man beiderseits $n=1, 2, 3, \ldots$ nehmen und alle so entstehenden Gleichungen addiren kann, und dass man auf diese Weise zu einigen neuen Integralen gelangen muss. In der That ergiebt sich

$$\int_0^{\frac{\pi}{2}} \left\{ r \cos x \cos x + (r \cos x)^2 \cos 2x + \ldots\ldots \right\} \frac{\cot^\mu x \, dx}{\cos^2 x}$$

$$= \left\{ 1 + \frac{\mu}{1} r + \frac{\mu(\mu+1)}{1.2} r^2 + \ldots\ldots \right\} \frac{r\pi}{2 \cos \frac{1}{2}\mu\pi}. \qquad (11)$$

Die unter dem Integralzeichen stehende Reihe lässt sich mittelst der Formel

$$\frac{\varrho \cos x - \varrho^2}{1 - 2\varrho \cos x + \varrho^2} = \varrho \cos x + \varrho^2 \cos 2x + \varrho^3 \cos 3x + \ldots.$$

$$1 > \varrho > -1$$

leicht summiren, wenn man $\varrho = r \cos x$ und $1 > r > -1$ setzt; ihre Summe ist dann:

$$\frac{r \cos^2 x - r^2 \cos^2 x}{1 - 2r \cos^2 x + r^2 \cos^2 x} = \frac{r(1-r) \cos^2 x}{1 - (2r - r^2) \cos^2 x}.$$

Die auf der rechten Seite der Gleichung (11) in Parenthese stehende Reihe hat wegen der schon genannten Bedingung $1 > r > -1$ zur Summe:

$$(1-r)^{-\mu} = \frac{1}{(1-r)^\mu}.$$

Mittelst dieser Summen ergiebt sich nun

$$\left.\begin{array}{c} \displaystyle\int_0^{\frac{\pi}{2}} \frac{\cot^\mu x \, dx}{1 - (2r - r^2) \cos^2 x} = \frac{1}{(1-r)^{\mu+1}} \cdot \frac{\pi}{2 \cos \frac{1}{2}\mu\pi} \\ 1 > r > -1, \quad 1 > \mu > -1. \end{array}\right\} (12)$$

Behandelt man ganz ebenso die Gleichung (6) so findet man zunächst

$$\int_0^{\frac{\pi}{2}}\left\{r\cos x\sin x + (r\cos x)^2\sin 2x + \ldots\ldots\right\}\frac{\cot^\mu x\,dx}{\cos^2 x}$$

$$= \left\{1+\frac{\mu}{1}r+\frac{\mu(\mu+1)}{1.2}r^2+\ldots\ldots\right\}\frac{r\pi}{2\sin\frac{1}{2}\mu\pi}$$

und wegen der Formel

$$\frac{\varrho\sin x}{1-2\varrho\cos x+\varrho^2} = \varrho\sin x + \varrho^2\sin 2x + \varrho^3\sin 3x + \ldots.$$

$$1>\varrho>-1$$

wenn man sie für $\varrho = r\cos x$ in Anwendung bringt

$$\left.\begin{array}{c}\displaystyle\int_0^{\frac{\pi}{2}}\frac{\cot^{\mu-1}x\,dx}{1-(2r-r^2)\cos^2 x} = \frac{1}{(1-r)^\mu}\cdot\frac{\pi}{2\sin\frac{1}{2}\mu\pi}\\ 1>r>-1,\quad 2>\mu>0.\end{array}\right\}\quad(13)$$

Setzt man in den Formeln (12) und (13)

$$1-r = \sqrt{1-k}$$

wo das Wurzelzeichen nur positiv genommen werden darf, weil $1-r$ stets positiv bleibt, und schreibt dann in Formel (13) $\mu+1$ für μ, so wird letztere mit der ersteren identisch nämlich

$$\left.\begin{array}{c}\displaystyle\int_0^{\frac{\pi}{2}}\frac{\cot^{\mu}x\,dx}{1-k\cos^2 x} = \frac{1}{(1-k)^{\frac{1}{2}(\mu+1)}}\cdot\frac{\pi}{2\cos\frac{1}{2}\mu\pi}\\ 1>k>-1,\quad 1>\mu>-1,\end{array}\right\}\quad(14)$$

ein Resultat, das man auch a posteriori leicht verifiziren kann, wenn man

$$\frac{1}{1-k\cos^2 x}$$

in eine Reihe verwandelt und jedes einzelne Glied derselben integrirt, wobei man zu beachten hat, dass für $\sin x = z$, $z=\sqrt{y}$:

$$\int_0^{\frac{\pi}{2}} \cos^{\mu+2n} x \frac{dx}{\sin^{\mu} x} = \int_0^1 (1-z^2)^{\frac{1}{2}(2n+\mu-1)} z^{-\mu} dz$$

$$= \frac{1}{2} \int_0^1 (1-y)^{\frac{1}{2}(\mu+1)+n-1} y^{\frac{1}{2}(1-\mu)-1} dy$$

ist und sich der Werth des letzten Integrales mit Hülfe der Formeln (4) und (8) in §. 2 leicht finden lässt. Differenzirt man die gefundene Gleichung (14) $m$mal nach k, so erhält man noch

$$\int_0^{\frac{\pi}{2}} \frac{\cot^{\mu} x \cos^{2m} x \, dx}{(1-k\cos^2 x)^{m+1}}$$

$$= \frac{(\mu+1)(\mu+3)\ldots(\mu+2m-1)}{2.4.6\ldots.(2m)} \cdot \frac{1}{(1-k)^{\frac{1}{2}(\mu+1)+m+1}} \cdot \frac{\pi}{2\cos\frac{1}{2}\mu\pi} \cdot$$

$$1 > k > -1, \quad 1 > \mu > -1. \tag{15}$$

§. 16.

Einige andere durch Gammafunktionen ausdrückbare Integrale ergeben sich aus einer sehr allgemeinen Transformation, welche sich auf eine ganze Klasse von Integralen anwenden lässt, und wodurch man auf das Theorem

$$\int_0^{\infty} F\left(cx + \frac{a}{x}\right) \frac{dx}{\sqrt{x}} = \frac{1}{\sqrt{c}} \int_0^{\infty} F(2\sqrt{ac} + x) \frac{dx}{\sqrt{x}} \tag{1}$$

kommt, in welchem F eine völlig willkührliche Funktion bedeutet. Die Transformation selbst besteht in folgenden Substitutionen.

Es ist identisch

$$\int_0^{\infty} f\left[\left(cz - \frac{a}{z}\right)^2\right] dz$$

$$= \frac{1}{2c} \int_0 f\left[\left(cz - \frac{a}{z}\right)^2\right] \left(c + \frac{a}{z^2}\right) dz \left\{1 + \frac{cz - \frac{a}{z}}{\sqrt{4ac + \left(cz - \frac{a}{z}\right)^2}}\right\}$$

wovon man sich leicht durch die einfache Bemerkung überzeugt, dass

$$\frac{1}{2c}\left(c+\frac{a}{z^2}\right)\left\{1+\frac{cz-\frac{a}{z}}{\sqrt{4ac+\left(cz-\frac{a}{z}\right)^2}}\right\}=1$$

ist. Nimmt man nun in dem Integrale auf der rechten Seite

$$cz-\frac{a}{z}=y \quad \text{folglich} \quad \left(c+\frac{a}{z^2}\right)dz=dy$$

und berücksichtigt, dass für $z=0$, $y=-\infty$ und für $z=\infty$, $y=+\infty$ wird, sobald a und c positive von Null verschiedene Grössen sind, so ergiebt sich auf der Stelle

$$\int_0^\infty f\left[\left(cz-\frac{a}{z}\right)^2\right]dz=\frac{1}{2c}\int_{-\infty}^{\infty}f(y^2)\,dy\left\{1+\frac{y}{\sqrt{4ac+y^2}}\right\}$$

$$=\frac{1}{2c}\int_{-\infty}^{\infty}f(y^2)\,dy+\frac{1}{2c}\int_{-\infty}^{\infty}f(y^2)\frac{y\,dy}{\sqrt{4ac+y^2}}. \tag{2}$$

Zerlegt man das erste dieser Integrale wie folgt

$$\int_{-\infty}^{\infty}f(y^2)\,dy=\int_0^\infty f(y^2)\,dy+\int_{-\infty}^{0}f(y^2)\,dy$$

so erhellt auf der Stelle, dass das zweite Integral rechts dem ersten ebendaselbst gleich sein müsse, weil die Funktion $f(y^2)$, welche integrirt wird, von $y=0$ bis $y=-\infty$ die nämlichen Werthe giebt, wie von $y=0$ bis $y=+\infty$. Es ist demnach

$$\int_{-\infty}^{\infty}f(y^2)\,dy=2\int_0^\infty f(y^2)\,dy. \tag{3}$$

Ebenso zerlegen wir das zweite Integral in Nr. (2), nämlich:

$$\int_{-\infty}^{\infty}\frac{yf(y^2)\,dy}{\sqrt{4ac+y^2}}=\int_0^\infty\frac{yf(y^2)\,dy}{\sqrt{4ac+y^2}}+\int_{-\infty}^{0}\frac{yf(y^2)\,dy}{\sqrt{4ac+y^2}} \tag{4}$$

da nun die Funktion

$$\frac{y f(y^2)}{\sqrt{4ac + y^2}} = \Phi(y)$$

die Eigenschaft $\Phi(-y) = -\Phi(+y)$ besitzt, so folgt, dass das zweite Integral rechts in (4) das erste aufhebt und mithin

$$\int_{-\infty}^{\infty} \frac{y f(y^2)\, dy}{\sqrt{4ac + y^2}} = 0$$

sein muss. Substituiren wir dieses Resultat nebst dem in Nr. (3) gefundenen in die Gleichung (2), so ergiebt sich sehr einfach

$$\int_0^{\infty} f\left[\left(cz - \frac{a}{z}\right)^2\right] dz = \frac{1}{c}\int_0^{\infty} f(y^2)\, dy = \frac{1}{c}\int_0^{\infty} f(z^2)\, dz$$

oder

$$\int_0^{\infty} f\left[c^2 z^2 + \frac{a^2}{z^2} - 2ac\right] dz = \frac{1}{c}\int_0^{\infty} f(z^2)\, dz.$$

Schreibt man a und c für a^2 und c^2, wo nun a, c, $\sqrt{a}$ und $\sqrt{c}$ immer positiv zu nehmen sind und setzt $z = \sqrt{x}$, so ergiebt sich

$$\int_0^{\infty} f\left(cx + \frac{a}{x} - 2\sqrt{ac}\right)\frac{dx}{\sqrt{x}} = \frac{1}{\sqrt{c}}\int_0^{\infty} f(x)\frac{dx}{\sqrt{x}}$$

und wenn man eine neue Funktion F der Art einführt, dass

$$f(z - 2\sqrt{ac}) = F(z)$$

$$\text{also} \quad f(z) = F(2\sqrt{ac} + z)$$

ist, so kommt man auf das bereits in Nr. (1) angezeigte Resultat:

$$\int_0^{\infty} F\left(cx + \frac{a}{x}\right)\frac{dx}{\sqrt{x}} = \frac{1}{\sqrt{c}}\int_0^{\infty} F(2\sqrt{ac} + x)\frac{dx}{\sqrt{x}}. \qquad (5)$$

Dasselbe ist noch dadurch einer Verallgemeinerung fähig, dass man beiderseits beliebig vielmal nach einer der beiden willkührlichen

Constanten a oder c differenzirt. Geschieht diess $n$mal in Bezug auf a, so wird

$$\int_0^\infty \frac{1}{x^n} F^{(n)}\left(cx + \frac{a}{x}\right) \frac{dx}{\sqrt{x}} = \frac{1}{\sqrt{c}} \int_0^\infty \frac{d^n F(2\sqrt{ac} + x)}{da^n} \cdot \frac{dx}{\sqrt{x}} \tag{6}$$

wobei man die rechte Seite auf folgende Weise weiter entwickeln kann. Kennt man die successiven Differenzialquotienten $\varphi'(u)$, $\varphi''(u)$, $\varphi'''(u)$ *etc.* einer beliebigen Funktion $\varphi(u)$, so gilt für die Differenziation von $\varphi(\sqrt{v})$ nach v die folgende Regel *)

$$\frac{d^n \varphi(\sqrt{v})}{dv^n} = \frac{1}{2^n} \left\{ \frac{\varphi^{(n)}(\sqrt{v})}{(\sqrt{v})^n} - \frac{n(n-1)}{2} \cdot \frac{\varphi^{(n-1)}(\sqrt{v})}{(\sqrt{v})^{n+1}} \right.$$
$$\left. + \frac{(n+1)n(n-1)(n-2)}{2.4} \cdot \frac{\varphi^{(n-2)}(\sqrt{v})}{(\sqrt{v})^{n+2}} - \ldots \right\}$$

wobei die Reihe rechts so weit fortgesetzt wird, bis sie von selbst abbricht und die Coefficienten unter der Form

$$\frac{(n+r-1)(n+r-2) \ldots (n+1)n(n-1) \ldots (n-r)}{2.4.6 \ldots (2r)}$$

stehen. Dieses Theorem, von dessen Richtigkeit man sich leicht mittelst des Schlusses von n auf $n+1$ überzeugen kann, ist in unserem Falle von leichter Anwendung, wenn man

$$\varphi(u) = F(2\sqrt{c}\,.\,u + x)$$

setzt, woraus für ein ganzes positives p

$$\varphi^{(p)}(u) = (2\sqrt{c})^p F^{(p)}(2\sqrt{c}\,.\,u + x)$$
$$\varphi^{(p)}(\sqrt{v}) = (2\sqrt{c})^p F^{(p)}(2\sqrt{c}\sqrt{v} + x)$$

folgt. Denkt man sich jetzt a für v geschrieben, so ergiebt sich:

---

*) M. s. meine *Differenzialrechnung S.* 92, *Formel* (15).

$$\frac{d^n F(2\sqrt{ac}+x)}{da^n}$$

$$= \frac{1}{2^n}\left\{\frac{(2\sqrt{c})^n F^{(n)}(2\sqrt{ac}+x)}{(\sqrt{a})^n} - \frac{n(n-1)}{2}\,\frac{(2\sqrt{c})^{n-1} F^{(n-1)}(2\sqrt{ac}+x)}{(\sqrt{a})^{n+1}}\right.$$

$$\left. + \frac{(n+1)\,n(n-1)(n-2)}{2\,.\,4}\,\frac{(2\sqrt{c})^{n-2} F^{(n-2)}(2\sqrt{ac}+x)}{(\sqrt{a})^{n+2}} - \ldots\ldots\right\}$$

$$= \left(\frac{c}{a}\right)^{\frac{n}{2}}\left\{F^{(n)}(2\sqrt{ac}+x) - \overset{n}{K}_1\,\frac{F^{(n-1)}(2\sqrt{ac}+x)}{2\sqrt{ac}}\right.$$

$$\left. + \overset{n}{K}_2\,\frac{F^{(n-2)}(2\sqrt{ac}+x)}{(2\sqrt{ac})^2} - \ldots\ldots\right\}$$

wobei zur Abkürzung

$$\frac{(n+r-1)(n+r-2)\,\ldots\ldots\,(n-r)}{2\,.\,4\,.\,6\,\ldots\,(2r)} = \overset{n}{K}_r \tag{7}$$

gesetzt worden ist. Substituiren wir diess in die Gleichung (6), integriren jedes einzelne Glied der Reihe und bezeichnen kurz wie folgt

$$\int_0^\infty F^{(n-r)}(2\sqrt{ac}+x)\,\frac{dx}{\sqrt{x}} = J_{n-r} \tag{8}$$

so ist

$$\int_0^\infty \frac{1}{x^n}\,F^{(n)}\left(cx+\frac{a}{x}\right)\frac{dx}{\sqrt{x}}$$

$$= \frac{1}{\sqrt{c}}\left(\frac{c}{a}\right)^{\frac{n}{2}}\left\{J_n - \overset{n}{K}_1\,\frac{J_{n-1}}{2\sqrt{ac}} + \overset{n}{K}_2\,\frac{J_{n-2}}{(2\sqrt{ac})^2} - \ldots\ldots\right\}. \tag{9}$$

Wählt man hier die Funktion F so, dass man die in Nr. (8) angedeutete Integration ausführen kann, so sind sämmtliche auf der rechten Seite der Gleichung (9) stehende Grössen bekannt und man erhält folglich den Werth eines neuen Integrales von verwickelterer Form.

Durch Differenziation nach c liesse sich aus der Formel (5) noch ein zweites analoges Resultat ableiten, das man auch auf folgendem kürzeren Wege findet. Man setze in dem Integrale links in (9) $x = \frac{1}{z}$, so geht dasselbe über in:

$$-\int_{\infty}^{0} z^n F^{(n)}\left(\frac{c}{z} + az\right) \frac{dz}{z^2} \sqrt{z}$$

oder auch

$$\int_{0}^{\infty} z^{n-1} F^{(n)}\left(az + \frac{c}{z}\right) \frac{dz}{\sqrt{z}}.$$

Schreibt man nun wieder x für z und vertauscht a und c gegen einander, so ergiebt sich nach Nr. (9)

$$\int_{0}^{\infty} x^{n-1} F^{(n)}\left(cx + \frac{a}{x}\right) \frac{dx}{\sqrt{x}}$$

$$= \frac{1}{\sqrt{a}} \left(\frac{a}{c}\right)^{\frac{n}{2}} \left\{J_n - \overset{n}{K}_1 \frac{J_{n-1}}{2\sqrt{ac}} + \overset{n}{K}_2 \frac{J_{n-2}}{(2\sqrt{ac})^2} - \dots\dots\right\}. \tag{10}$$

§. 17.

Die hauptsächlichsten Anwendungen, welche sich von den Formeln (9) und (10) im vorigen Paragraphen machen lassen, bestehen in den folgenden Spezialisirungen der mit F bezeichneten Funktion.

I. Es sei $F(z) = e^{-z}$ also

$$F^{(n-r)}(z) = (-1)^{n-r} e^{-z}$$

so folgt

$$J_{n-r} = (-1)^{n-r} \int_{0}^{\infty} e^{-(2\sqrt{ac}+x)} \frac{dx}{\sqrt{x}} = (-1)^{n-r} \sqrt{\pi}\, e^{-2\sqrt{ac}}$$

und nach Nr. (9)

$$\int_0^\infty \frac{dx}{x^n\sqrt{x}}\, e^{-\left(cx+\frac{a}{x}\right)}$$

$$=\sqrt{\frac{\pi}{c}}\left(\frac{c}{a}\right)^{\frac{n}{2}}\left\{1+\frac{\overset{n}{K}_1}{2\sqrt{ac}}+\frac{\overset{n}{K}_2}{(2\sqrt{ac})^2}+\ldots.\right\}e^{-2\sqrt{ac}} \qquad (1)$$

und ebenso nach Nr. (10)

$$\int_0^\infty \frac{x^{n-1}\,dx}{\sqrt{x}}\, e^{-\left(cx+\frac{a}{x}\right)}$$

$$=\sqrt{\frac{\pi}{a}}\left(\frac{a}{c}\right)^{\frac{n}{2}}\left\{1+\frac{\overset{n}{K}_1}{2\sqrt{ac}}+\frac{\overset{n}{K}_2}{(2\sqrt{ac})^2}+\ldots.\right\}e^{-2\sqrt{ac}} \qquad (2)$$

Für $c=a$ vereinigen sich diese Formeln zu einer spezielleren, welche Cauchy auf anderem Wege gefunden hat *).

II. Eine zweite nicht weniger leichte Entwickelung gewährt die Substitution

$$F(z)=\frac{1}{(b+z)^\lambda}.$$

Sie giebt erstlich

$$F^{(n)}(z)=\frac{(-1)^n\lambda(\lambda+1)\ldots.(\lambda+n-1)}{(b+z)^{\lambda+n}}=\frac{\Gamma(\lambda+n)}{\Gamma(\lambda)}\cdot\frac{(-1)^n}{(b+z)^{\lambda+n}}$$

folglich

$$F^{(n)}\left(cx+\frac{a}{x}\right)=\frac{\Gamma(\lambda+n)}{\Gamma(\lambda)}\cdot\frac{(-1)^n x^{\lambda+n}}{(a+bx+cx^2)^{\lambda+n}} \qquad (3)$$

---

*) *Exercices de Mathématiques* 2me *Livraison. Paris* 1826.

ferner weil

$$F^{(n-r)}(z) = \frac{\Gamma(\lambda+n-r)}{\Gamma(\lambda)} \cdot \frac{(-1)^{n-r}}{(b+z)^{\lambda+n-r}}$$

ist,

$$J_{n-r} = \frac{(-1)^{n-r}\,\Gamma(\lambda+n-r)}{\Gamma(\lambda)} \int_0^\infty \frac{dx}{\sqrt{x}\,(b+2\sqrt{ac}+x)^{\lambda+n-r}},$$

oder wenn man $x=(b+2\sqrt{ac})y$ setzt

$$J_{n-r} = \frac{(-1)^{n-r}\,\Gamma(\lambda+n-r)}{\Gamma(\lambda)\,(b+2\sqrt{ac})^{\lambda+n-r-\frac{1}{2}}} \int_0^\infty \frac{y^{\frac{1}{2}-1}\,dy}{(1+y)^{\lambda+n-r}}.$$

Bestimmt man den Werth des Integrales rechts, so findet sich

$$J_{n-r} = \frac{(-1)^{n-r}\sqrt{\pi}}{\Gamma(\lambda)} \cdot \frac{\Gamma(\lambda+n-r-\frac{1}{2})}{(b+2\sqrt{ac})^{\lambda+n-r-\frac{1}{2}}}. \tag{4}$$

Substituiren wir nun die unter (3) und (4) gefundenen Werthe für $r=0,\ 1,\ 2,\ \ldots$ in die Formel (9) des vorigen Paragraphen, so ergiebt sich

$$\Gamma(\lambda+n) \int_0^\infty \frac{x^\lambda\,dx}{\sqrt{x}\,(a+bx+cx^2)^{\lambda+n}}$$

$$= \sqrt{\frac{\pi}{c}}\left(\frac{c}{a}\right)^{\frac{n}{2}} \left\{ \frac{\Gamma(\lambda+n-\frac{1}{2})}{(b+2\sqrt{ac})^{\lambda+n-\frac{1}{2}}} \right.$$

$$\left. + \frac{\overset{n}{K}_1}{2\sqrt{ac}} \frac{\Gamma(\lambda+n-\frac{1}{2}-1)}{(b+2\sqrt{ac})^{\lambda+n-\frac{1}{2}-1}} + \ldots\ldots \right\}$$

oder für $\lambda + n - \frac{1}{2} = \mu$

$$\Gamma(\mu+\tfrac{1}{2})\sqrt{\frac{c}{\pi}}\left(\frac{a}{c}\right)^{\frac{n}{2}}\int_0^\infty \frac{x^{\mu-n}\,dx}{(a+bx+cx^2)^{\mu+\frac{1}{2}}}$$

$$= \frac{\Gamma(\mu)}{(b+2\sqrt{ac})^{\mu}} + \frac{\overset{n}{K_1}}{2\sqrt{ac}}\cdot\frac{\Gamma(\mu-1)}{(b+2\sqrt{ac})^{\mu-1}}$$

$$+ \frac{\overset{n}{K_2}}{(2\sqrt{ac})^2}\cdot\frac{\Gamma(\mu-2)}{(b+2\sqrt{ac})^{\mu-2}} + \dots\dots \qquad (5)$$

Durch ganz die nämlichen Substitutionen erhält man aus der Formel (10)

$$\Gamma(\mu+\tfrac{1}{2})\sqrt{\frac{a}{\pi}}\left(\frac{c}{a}\right)^{\frac{n}{2}}\int_0^\infty \frac{x^{\mu+n-1}\,dx}{(a+bx+cx^2)^{\mu+\frac{1}{2}}}$$

$$= \frac{\Gamma(\mu)}{(b+2\sqrt{ac})^{\mu}} + \frac{\overset{n}{K_1}}{2\sqrt{ac}}\cdot\frac{\Gamma(\mu-1)}{(b+2\sqrt{ac})^{\mu-1}}$$

$$+ \frac{\overset{n}{K_2}}{(2\sqrt{ac})^2}\cdot\frac{\Gamma(\mu-2)}{(b+2\sqrt{ac})^{\mu-2}} + \dots\dots$$

oder $n+1$ für n gesetzt

$$\Gamma(\mu+\tfrac{1}{2})\sqrt{\frac{c}{\pi}}\left(\frac{c}{a}\right)^{\frac{n}{2}}\int_0^\infty \frac{x^{\mu+n}\,dx}{(a+bx+cx^2)^{\mu+\frac{1}{2}}}$$

$$= \frac{\Gamma(\mu)}{(b+2\sqrt{ac})^{\mu}} + \frac{\overset{n+1}{K_1}}{2\sqrt{ac}}\cdot\frac{\Gamma(\mu-1)}{(b+2\sqrt{ac})^{\mu-1}}$$

$$+ \frac{\overset{n+1}{K_2}}{(2\sqrt{ac})^2}\cdot\frac{\Gamma(\mu-2)}{(b+2\sqrt{ac})^{\mu-2}} + \dots\dots \qquad (6)$$

Nimmt man in der letzteren Gleichung $a=1$, $b=0$, $c=1$, so lässt sich mit Hülfe der Substitution $x^2=z$ der Werth des Integrales links ausfindig machen und man kommt dann auf das in §. 4 bewiesene Theorem zurück.

§. 18.

Ausser den einfachen Integralen giebt es auch noch eine reichhaltige Klasse vielfacher Integrale, welche sich ebenfalls auf Gammafunktionen reduziren lassen und von denen wir die wichtigsten mittheilen wollen, indem wir dabei zugleich die allgemeinen Reduktionsmethoden auseinander setzen werden, mit welchen die Analysis durch die eleganten Betrachtungen von Lejeune Dirichlet, Liouville und Cauchy bereichert worden ist.

Um einen bestimmten Fall vor Augen zu haben, beschäftigen wir uns zunächst mit dem vielfachen Integrale

$$S=\int\int\int\cdots\frac{P}{Q^\mu}\,dx\,dy\,dz\,\ldots. \tag{1}$$

worin P und Q ein paar beliebige Funktionen der Variablen x, y, z, ... bedeuten und μ als eine reelle positive Grösse vorausgesetzt wird; die Gränzen der einzelnen Integrationen mögen vor der Hand ganz willkührlich bleiben. Da man Q immer als positive Grösse ansehen kann, weil das Vorzeichen von P willkührlich ist, so liegt der Gedanke sehr nahe, $\frac{1}{Q^\mu}$ durch Anwendung der einfachsten Formel der Gammafunktionen selbst in ein bestimmtes Integral zu verwandeln, indem man schreibt:

$$\frac{1}{Q^\mu}=\frac{1}{\Gamma(\mu)}\int_0^\infty t^{\mu-1}e^{-Qt}\,dt$$

und diess gilt auch selbst für imaginäre Q, wenn nur der reelle Theil davon positiv ist, was man leicht erlangen kann. Mit Hülfe dieser Substitution wird

$$S=\frac{1}{\Gamma(\mu)}\int_0^\infty\int\int\int\cdots t^{\mu-1}Pe^{-Qt}\,dx\,dy\,dz\ldots dt. \tag{2}$$

Hier lässt sich nun in vielen Fällen eine solche Sonderung der Variablen vornehmen, dass sich das vorstehende vielfache Integral in ein Produkt einfacher Integrale verwandelt. Diess ist nämlich dann möglich, wenn sich P und Q so zerlegen lassen, dass

$$P = P_x \, . \, P_y \, . \, P_z \quad \ldots.$$
$$Q = Q_0 + Q_x + Q_y + Q_z + \ldots..$$

ist, wobei P_x und Q_x Funktionen von x allein, P_y und Q_y Funktionen von y allein etc. bedeuten und Q_0 eine weder von x noch von y, noch von z etc. abhängige Grösse, also eine Constante ist. Die Differenzialformel in (2) nimmt jetzt folgende Gestalt an

$$t^{\mu-1} e^{-Q_0 t} P_x e^{-Q_x t} P_y e^{-Q_y t} P_z e^{-Q_z t} \ldots. \, dx \, dy \, dz \ldots. \, dt$$

und es wird jetzt durch Vereinigung der Grössen, welche blos x oder nur y etc. enthalten:

$$S = \frac{1}{\Gamma(\mu)} \int_0^\infty t^{\mu-1} e^{-Q_0 t} dt \int P_x e^{-Q_x t} dx \int P_y e^{-Q_y t} dy \ldots.$$

Lassen sich nun die einzelnen Integrationen in Bezug auf x, y, z, etc. ausführen, so dass man etwa

$$\left. \begin{aligned} U = \int P_x e^{-tQ_x} dx, \quad V = \int P_y e^{-tQ_y} dy \\ W = \int P_z e^{-tQ_z} dz, \ldots. \end{aligned} \right\} \quad (3)$$

hätte, wobei t in allen diesen Integralen als arbiträre Constante auftritt, so ergiebt sich sehr einfach:

$$S = \frac{1}{\Gamma(\mu)} \int_0^\infty t^{\mu-1} e^{-Q_0 t} dt \, U \, V \, W \ldots. \qquad (4)$$

und hiermit ist das vielfache Integral in (1) auf eine Quadratur zurückgeführt.

Eines der einfachsten Beispiele für diese Reduktionsmethode bildet die Annahme:

$$P = x^{l-1} e^{-ax} \cdot y^{m-1} e^{-by} \cdot z^{n-1} e^{-cz} \dots\dots$$

$$Q = \varkappa + \alpha x + \beta y + \gamma z + \dots\dots$$

wobei die Integrationsgränzen sämmtlich 0 und ∞ sein mögen. Es ist dann

$$P_x = x^{l-1} e^{-ax}, \quad P_y = y^{m-1} e^{-by}, \dots\dots$$

$$Q_0 = \varkappa, \quad Q_x = \alpha x, \quad Q_y = \beta y, \dots\dots$$

folglich nach Nr. (3)

$$U = \int_0^\infty x^{l-1} e^{-ax} e^{-t\alpha x} dx = \frac{\Gamma(l)}{(a + \alpha t)^l}$$

$$V = \int_0^\infty y^{m-1} e^{-by} e^{-t\beta y} dy = \frac{\Gamma(m)}{(b + \beta t)^m}$$

u. s. f.

mithin nach (1) und (4)

$$\int_0^\infty \int_0^\infty \int_0^\infty \dots \frac{x^{l-1} y^{m-1} z^{n-1} \dots e^{-(ax+by+cz+\dots)}}{(\varkappa + \alpha x + \beta y + \gamma z + \dots)^\mu} dx\, dy\, dz \dots$$

$$= \frac{\Gamma(l)\,\Gamma(m)\,\Gamma(n)\dots}{\Gamma(\mu)} \int_0^\infty \frac{t^{\mu-1} e^{-\varkappa t} dt}{(a + \alpha t)^l (b + \beta t)^m (c + \gamma t)^n \dots} \qquad (5)$$

Reduzirt man in dieser sehr allgemeinen Formel die Variablen auf eine einzige x und setzt $a = 1$ $\varkappa = 1$, so wird

$$\int_0^\infty \frac{x^{l-1} dx}{(1 + \alpha x)^\mu} e^{-x} = \frac{\Gamma(l)}{\Gamma(\mu)} \int_0^\infty \frac{t^{\mu-1} dt}{(1 + \alpha t)^l} e^{-t}$$

und wenn man x und λ für t und l setzt

$$\int_0^\infty \frac{x^{\lambda-1}dx}{(1+ax)^\mu} e^{-x} = \frac{\Gamma(\lambda)}{\Gamma(\mu)} \int_0^\infty \frac{x^{\mu-1}dx}{(1+ax)^\lambda} e^{-x}.$$

Man kann hieraus noch anderweite Resultate herleiten, wenn man nach einer der Grössen λ oder μ differenzirt. So giebt die Differenziation nach λ

$$\int_0^\infty \frac{x^{\lambda-1}\, lx\, dx}{(1+ax)^\mu} e^{-x} = \frac{\Gamma(\lambda)}{\Gamma(\mu)} \int_0^\infty \frac{x^{\mu-1}\, dx}{(1+ax)^\lambda}\, l\left(\frac{1}{1+ax}\right) e^{-x}$$

$$+ \frac{\Gamma'(\lambda)}{\Gamma(\mu)} \int_0^\infty \frac{x^{\mu-1}\, dx}{(1+ax)^\lambda} e^{-x}$$

oder weil

$$\Gamma'(\lambda) = \Gamma(\lambda)\frac{d\, l\Gamma(\lambda)}{d\lambda} = \Gamma(\lambda)\left\{-C + \int_0^1 \frac{1-x^{\lambda-1}}{1-x}dx\right\}$$

ist, wobei C die Constante des Integrallogarithmus bedeutet,

$$\int_0^\infty \frac{x^{\lambda-1}\, lx\, dx}{(1+ax)^\mu} e^{-x} = \frac{\Gamma(\lambda)}{\Gamma(\mu)} \int_0^\infty \frac{x^{\mu-1}\, dx}{(1+ax)^\lambda}\, l\left(\frac{1}{1+ax}\right) e^{-x}$$

$$+ \frac{\Gamma(\lambda)}{\Gamma(\mu)}\left\{-C + \int_0^1 \frac{1-x^{\lambda-1}}{1-x}dx\right\} \int_0^\infty \frac{x^{\mu-1}\, dx}{(1+ax)^\lambda} e^{-x}. \qquad (6)$$

Nimmt man in der Gleichung (5) $\alpha = b = c \ldots = 0$, so ergiebt sich sehr einfach

$$\int_0^\infty \int_0^\infty \int_0^\infty \cdots \frac{x^{l-1}\, y^{m-1}\, z^{n-1} \ldots}{(\varkappa + \alpha x + \beta y + \gamma z + \ldots)^\mu} dx\, dy\, dz \ldots$$

$$= \frac{\Gamma(l)\,\Gamma(m)\,\Gamma(n) \ldots\ldots}{\alpha^l\, \beta^m\, \gamma^n \ldots\ldots} \cdot \frac{\Gamma(\mu - l - m - n - \ldots\ldots)}{\Gamma(\mu)\, \varkappa^{\mu-l-m-n-\ldots\ldots}}. \qquad (7)$$

Man kann dieses Resultat noch verallgemeinern, wenn man für $x, y, z, \ldots$ neue Variable der Art einführt, dass

$$x = \xi^p, \; y = \eta^q, \; z = \zeta^r, \; \ldots.$$

ist. Die Differenzialformel links geht dann über in

$$\ldots pqr \, . \, \frac{\xi^{pl-1} \eta^{qm-1} \zeta^{rn-1} \ldots.}{(\varkappa + \alpha\xi^p + \beta\eta^q + \gamma\zeta^r + \ldots)^\mu} d\xi \, d\eta \, d\zeta \ldots$$

während sich die Integrationsgränzen nicht ändern. Setzt man nun $\varkappa = 1$, $\alpha = a^p$, $\beta = b^q$, $\gamma = c^r$, etc., $x, y, z, \ldots$ für $\xi, \eta, \zeta, \ldots$ und $\frac{l}{p}, \frac{m}{q}, \frac{n}{r}$, etc. für $l, m, n, \ldots$ so ergiebt sich

$$\int_0^\infty \int_0^\infty \int_0^\infty \ldots \frac{x^{l-1} y^{m-1} z^{n-1} \ldots}{(1 + a^p x^p + b^q y^q + c^r z^r + \ldots)^\mu} dx \, dy \, dz \ldots$$

$$= \frac{\Gamma(\frac{l}{p}) \, \Gamma(\frac{m}{q}) \, \Gamma(\frac{n}{r}) \ldots}{pqr \ldots \Gamma(\mu) \, a^l b^m c^n \ldots.} \Gamma(\mu - \frac{l}{p} - \frac{m}{q} - \frac{n}{r} - \ldots.) \qquad (8)$$

Für $\varkappa = 0$ wird das Integral auf der rechten Seite in (5) zu einem rein algebraischen, dessen Werth besonders in dem Falle, wo $l, m, n, \ldots$ ganze positive Zahlen sind, leicht gefunden werden kann. Man zerlegt nämlich den Bruch

$$\frac{1}{(a + \alpha t)^l \, (b + \beta t)^m \, (c + \gamma t)^n \ldots.}$$

in seine Partialbrüche und bringt so das fragliche Integral auf eine Reihe anderer von der Form

$$\int_0^\infty \frac{t^{\nu-1} dt}{(A + Bt)^\varrho}$$

worin man $t = \frac{A}{B} x$ setzt und das neue Integral:

$$\int_0^\infty \frac{x^{\nu-1}\,dx}{(1+x)^s}$$

mit Hülfe von Gammafunktionen ausdrückt.

Sind in der Formel (5) μ, l, m, n, ... sämmtlich ganze positive Zahlen, so lässt sich der Werth des Integrales rechts völlig entwickeln. Zunächst ist nämlich nach dem Vorigen klar, dass man das Integral auf eine Partie anderer von der Form

$$\int_0^\infty \frac{t^{\nu-1}\,dt}{(A+Bt)^s}\,e^{-\varkappa t}$$

reduziren kann, worin wir das nunmehr ganze positive $\nu-1$ mit r und $\frac{A}{B}$ mit λ bezeichnen wollen. Es kommt dann nur darauf an, den Werth von

$$\int_0^\infty \frac{t^r\,dt}{(\lambda+t)^{s+1}}\,e^{-\varkappa t} \tag{9}$$

zu finden, weil man hieraus durch Division mit B^{s+1} und nachherige Substitution von $s-1$ für s das obige Integral wieder herleiten könnte. Bezeichnen wir nun mit $\varphi(\varkappa, \lambda)$ den Werth des Integrales

$$\int_0^\infty \frac{dt}{\lambda+t}\,e^{-\varkappa t} \tag{10}$$

so ergiebt sich durch $r$malige Differenziation nach $\varkappa$

$$\int_0^\infty \frac{t^r\,dt}{\lambda+t}\,e^{-\varkappa t} = (-1)^r \frac{d^r\varphi(\varkappa, \lambda)}{d\varkappa^r}$$

und durch $s$malige Differenziation nach λ

$$(-1)^s\,1.2\ldots s\int_0^\infty \frac{t^r\,dt}{(\lambda+t)^{s+1}}\,e^{-\varkappa t} = (-1)^r \frac{d^{r+s}\varphi(\varkappa, \lambda)}{d\varkappa^r\,d\lambda^s}$$

d. i.

$$\int_0^\infty \frac{t^r\,dt}{(\lambda+t)^{s+1}} e^{-\varkappa t} = \frac{(-1)^{r+s}}{1.2.3\ldots s} \cdot \frac{d^{r+s}\varphi(\varkappa,\lambda)}{d\varkappa^r\,d\lambda^s}.$$

Das Integral in (10) findet sich aber sehr leicht mit Hülfe des Integrallogarithmus. Nach der Definition desselben ist nämlich

$$li(u) = \int_0^u \frac{dx}{lx} \quad \text{also} \quad li(e^{-\alpha}) = \int_0^{e^{-\alpha}} \frac{dx}{lx}$$

und wenn man hier

$$x = e^{-\alpha} . e^{-z}$$

setzt, so wird

$$lx = -(\alpha+z), \quad dx = -e^{-\alpha} . e^{-z}\,dz$$

und da für $x = e^{-\alpha}$ und $x = 0$, z die Werthe $z = 0$ und $z = \infty$ bekommt, so ist jetzt

$$li(e^{-\alpha}) = e^{-\alpha} \int_\infty^0 \frac{dz}{\alpha+z} e^{-z}$$

oder

$$\int_0^\infty \frac{dz}{\alpha+z} e^{-z} = -e^{\alpha}\, li(e^{-\alpha})$$

woraus für $z = \varkappa t$, $\alpha = \varkappa\lambda$, wenn nun $\varkappa$ eine reelle positive Grösse ist, folgt

$$\int_0^\infty \frac{dt}{\lambda+t} e^{-\varkappa t} = -e^{\varkappa\lambda}\, li(e^{-\varkappa\lambda})$$

womit $\varphi(\varkappa, \lambda)$ gefunden ist. Die in der Gleichung

$$\int_0^\infty \frac{t^r\,dt}{(\lambda+t)^{s+1}} e^{-\varkappa t} = \frac{(-1)^{r+s+1}}{1.2.3\ldots s} \cdot \frac{d^{r+s}}{d\varkappa^r\,d\lambda^s} \left\{ e^{\varkappa\lambda}\, li(e^{-\varkappa\lambda}) \right\}$$

angedeuteten Differenziationen sind nun leicht auszuführen, weil vermöge der Definition des Integrallogarithmus die Formeln gelten:

$$\frac{d\,li(u)}{du} = \frac{1}{lu} \quad \text{oder} \quad \frac{d\,li(e^{-v})}{dv} = \frac{e^{-v}}{v}.$$

Ein nicht minder bemerkenswerthes Beispiel für die in den Formeln (1) bis (4) auseinandergesetzte Reduktionsmethode liefert die Substitution

$$P = l\left(\frac{1}{x}\right) l\left(\frac{1}{y}\right) l\left(\frac{1}{z}\right) \ldots .$$

$$Q = \varkappa + \alpha x + \beta y + \gamma z + \ldots .$$

wobei sämmtliche Integrationsgränzen 0 und ∞ sein mögen. Es wird jetzt unter Anwendung der Formel (25) in §. 14 für $b = 0$,

$$U = \int_0^\infty l\left(\frac{1}{x}\right) e^{-t\alpha x}\, dx = \frac{C + l\alpha + lt}{\alpha t}$$

$$V = \int_0^\infty l\left(\frac{1}{x}\right) e^{-t\beta x}\, dx = \frac{C + l\beta + lt}{\beta t}$$

u. s. f.

wobei wir zur Abkürzung

$$C + l\alpha = a, \quad C + l\beta = b, \quad C + l\gamma = c, \; \ldots . \tag{11}$$

setzen wollen. Nach Formel (1) und (4) ergiebt sich nun unter der Voraussetzung, dass n Variable vorhanden sind

$$\int_0^\infty \int_0^\infty \int_0^\infty \ldots \frac{l\left(\frac{1}{x}\right) l\left(\frac{1}{y}\right) l\left(\frac{1}{z}\right) \ldots .}{(\varkappa + \alpha x + \beta y + \gamma z + \ldots)^{\mu}}\, dx\, dy\, dz \ldots .$$

$$= \frac{1}{\Gamma(\mu)\,\alpha\beta\gamma\ldots} \int_0^\infty t^{\mu-n-1} e^{-\varkappa t} (a + lt)(b + lt)(c + lt) \ldots .\, dt. \tag{12}$$

Der Werth des Integrales rechts kann immer angegeben werden; denn durch Entwickelung des Produktes $(a + lt)(b + lt) \ldots$ reduzirt sich das Integral auf eine Reihe anderer, welche unter der gemeinschaftlichen Form

$$\int_0^\infty t^{\nu-1} e^{-xt} (lt)^s \, dt$$

stehen, worin s eine positive ganze Zahl bedeutet. Andererseits ist aber das vorliegende Integral

$$\frac{d^s}{d\nu^s}\int_0^\infty t^{\nu-1} e^{-xt} \, dt = \frac{d^s\left\{\Gamma(\nu)\, x^{-\nu}\right\}}{d\nu^s}$$

und diese Differenziation ist leicht auszuführen, wenn man successive immer den Satz anwendet:

$$\frac{d\Gamma(\nu)}{d\nu} = \Gamma(\nu)\,\frac{dl\Gamma(\nu)}{d\nu}$$

$$= \Gamma(\nu)\left\{-C + \frac{1}{1}\,\frac{\nu-1}{\nu} + \frac{1}{2}\,\frac{\nu-1}{\nu+1} + \frac{1}{3}\,\frac{\nu-1}{\nu+2} + \ldots\right\}.$$

§. 19.

Nicht immer sind, wie in den bisher betrachteten Integralen, die Gränzen für die einzelnen Integrationen unmittelbar bestimmt, im Gegentheil kommt sogar bei den meisten vielfachen Integralen und zwar fast bei allen denen, auf welche man in der mathematischen Physik stösst, der Fall vor, dass nur eine Bedingung angegeben ist, welcher die Variablen der Integrationen genügen müssen. Will man z. B. den kubischen Inhalt einer Kugel mit dem Halbmesser r nach der Formel

$$\iiint dx\, dy\, dz$$

bestimmen, so muss man die Integrationsgränzen so bestimmen, dass x, y, z keine anderen Werthe annehmen, als solche, welche die Bedingung

$$x^2 + y^2 + z^2 \leqq r^2$$

erfüllen; denn wenn wir uns x, y, z als Coordinaten irgend eines Punktes denken, so darf sich die Integration (Addition der Elemente) nur auf alle die Punkte des Raumes erstrecken, welche nicht ausserhalb der durch die Gleichung $x^2 + y^2 + z^2 = r^2$ charakterisirten Kugelfläche liegen.

Im Allgemeinen ist nun die Reduktion von dergleichen vielfachen Integralen viel schwerer als die von solchen, in denen die Gränzen unmittelbar bestimmt sind; es giebt aber eine Form derselben, bei welcher diese Reduktion durchaus keinen Schwierigkeiten unterliegt, die gedachte sehr allgemeine Form ist nämlich folgende

$$S = \iiint \ldots x^{l-1} y^{m-1} z^{n-1} \ldots f(x+y+z+\ldots)\, dx\, dy\, dz \ldots \tag{1}$$

in welcher $x, y, z, \ldots$ alle diejenigen positiven Werthe annehmen sollen, die der Bedingung

$$x + y + z + \ldots \leqq \varkappa \tag{2}$$

Genüge leisten.

Setzen wir zuvörderst nur zwei Variable x und y voraus, so ist

$$S = \iint x^{l-1} y^{m-1} f(x+y)\, dx\, dy$$

$$x + y \leqq \varkappa$$

und wenn wir das Integral in der Form

$$S = \int x^{l-1} dx \int y^{m-1} f(x+y)\, dy$$

darstellen, so sind die Werthe, welche y annehmen kann, offenbar in dem Intervalle $y = 0$ bis $y = \varkappa - x$ enthalten, nachher aber steht dem x noch der Spielraum von $x = 0$ bis $x = \varkappa$ offen; in der That erfüllen auch jedes y zwischen 0 und $\varkappa - x$, und jedes x zwischen 0 und $\varkappa$ die aufgestellte Bedingung. Es ist demnach

$$S = \int_0^{\varkappa} x^{l-1} dx \int_0^{\varkappa - x} y^{m-1} f(x+y)\, dy. \tag{3}$$

In so fern das nach y genommene Integral eine Funktion von x und $\varkappa$ allein darstellt, möge hier zur Abkürzung:

$$\int_0^{\varkappa-x} y^{m-1} f(x+y)\,dy = F(x, \varkappa) \tag{4}$$

sein, so dass

$$S = \int_0^{\varkappa} x^{l-1} F(x, \varkappa)\,dx \tag{5}$$

wird. Durch Differenziation dieser Gleichung unter Berücksichtigung des Satzes: dass für

$$S = \int_a^b \Phi(x, \varkappa)\,dx$$

und von $\varkappa$ abhängige a und b,

$$\frac{dS}{d\varkappa} = \Phi(b, \varkappa)\frac{db}{d\varkappa} - \Psi(a, \varkappa)\frac{da}{d\varkappa} + \int_a^b \frac{d\Phi(x, \varkappa)}{d\varkappa}\,dx$$

ist *), ergiebt sich in unserem Falle

$$\frac{dS}{d\varkappa} = \varkappa^{l-1} F(\varkappa, \varkappa) + \int_0^{\varkappa} x^{l-1}\frac{dF(x, \varkappa)}{d\varkappa}\,dx.$$

---

*) Giebt man in der Gleichung

$$S = \int_a^b \Phi(x, \varkappa)\,dx$$

dem $\varkappa$ einen Zuwachs $\Delta\varkappa$, so werden, weil a und b von $\varkappa$ abhängen sollen, etwa $a + \Delta a$ und $b + \Delta b$ an die Stelle von a und b treten und S wird um ΔS zunehmen. Hieraus folgt

$$\Delta S = \int_{a+\Delta a}^{b+\Delta b} \Phi(x, \varkappa + \Delta\varkappa)\,dx - \int_a^b \Phi(x, \varkappa)\,dx.$$

Zerlegt man das erste Integral in die drei anderen

$$-\int_a^{a+\Delta a} \Phi(x, \varkappa+\Delta\varkappa)\,dx + \int_a^b \Phi(x, \varkappa+\Delta\varkappa)\,dx + \int_b^{b+\Delta b} \Phi(x, \varkappa + \Delta\varkappa)\,dx$$

und dividirt nachher mit $\Delta\varkappa$, so ergiebt sich leicht:

Aus Nr. (4) folgt aber unmittelbar

$$F(\varkappa, \varkappa) = 0, \quad \frac{dF(x, \varkappa)}{d\varkappa} = (\varkappa - x)^{m-1} f(\varkappa)$$

$$\left.\begin{aligned} \frac{\Delta S}{\Delta \varkappa} = \frac{1}{\Delta \varkappa}\int_b^{b+\Delta b} \Phi(x, \varkappa + \Delta \varkappa)\, dx - \frac{1}{\Delta \varkappa}\int_a^{a+\Delta a} \Phi(x, \varkappa + \Delta \varkappa)\, dx \\ + \int_a^b \frac{\Phi(x, \varkappa + \Delta \varkappa) - \Phi(x, \varkappa)}{\Delta \varkappa}\, dx\,. \end{aligned}\right\} \quad \text{(A)}$$

Setzen wir das unbestimmte Integral

$$\int \Phi(x, \varkappa)\, dx = \Psi(x, \varkappa) \qquad \text{(B)}$$

so ist

$$\frac{1}{\Delta \varkappa}\int_b^{b+\Delta b} \Phi(x, \varkappa + \Delta \varkappa)\, dx = \frac{\Psi(b + \Delta b, \varkappa + \Delta \varkappa) - \Psi(b, \varkappa + \Delta \varkappa)}{\Delta \varkappa}$$

$$= \frac{\Psi(b + \Delta b, \varkappa + \Delta \varkappa) - \Psi(b, \varkappa + \Delta \varkappa)}{\Delta b} \cdot \frac{\Delta b}{\Delta \varkappa}$$

und durch Uebergang zur Gränze für unendlich abnehmende $\Delta \varkappa$ und Δb

$$Lim\, \frac{1}{\Delta \varkappa}\int_b^{b+\Delta b} \Phi(x, \varkappa + \Delta \varkappa)\, dx = \frac{d\Psi(b, \varkappa)}{db} \cdot \frac{db}{d\varkappa}$$

nach Formel (B) ist aber

$$\frac{d\Psi(x, \varkappa)}{dx} = \Phi(x, \varkappa) \quad \text{mithin} \quad \frac{d\Psi(b, \varkappa)}{db} = \Phi(b, \varkappa)$$

und nach dem Vorigen

$$Lim\, \frac{1}{\Delta \varkappa}\int_b^{b+\Delta b} \Phi(x, \varkappa + \Delta \varkappa)\, dx = \Phi(b, \varkappa)\, \frac{db}{d\varkappa}. \qquad \text{(C)}$$

Ebenso ist

$$Lim\, \frac{1}{\Delta \varkappa}\int_a^{a+\Delta a} \Phi(x, \varkappa + \Delta \varkappa)\, dx = \Phi(a, \varkappa)\, \frac{da}{d\varkappa}. \qquad \text{(D)}$$

Berücksichtigt man endlich, dass unter den bereits auf S. 6 angegebenen Umständen:

und also nach dem Vorhergehenden

$$\frac{dS}{d\varkappa} = \int_0^{\varkappa} x^{l-1} (\varkappa - x)^{m-1} f(\varkappa)\, dx$$

oder wenn man $x = \varkappa s$ setzt

$$\frac{dS}{d\varkappa} = \varkappa^{l+m-1} f(\varkappa) \int_0^1 s^{l-1} (1-s)^{m-1} ds$$

$$= \varkappa^{l+m-1} f(\varkappa) \frac{\Gamma(l)\,\Gamma(m)}{\Gamma(l+m)}$$

und umgekehrt

$$S = \frac{\Gamma(l)\,\Gamma(m)}{\Gamma(l+m)} \left\{ \int \varkappa^{l+m-1} f(\varkappa)\, d\varkappa + Const \right\}$$

wo nun die Constante so bestimmt werden muss, dass für $\varkappa = 0$, $S = 0$ wird [gemäss Nr. (5)]. Es ist mithin

$$S = \frac{\Gamma(l)\,\Gamma(m)}{\Gamma(l+m)} \int_0^{\varkappa} \varkappa^{l+m-1} f(\varkappa)\, d\varkappa$$

oder auch wegen der Bedeutung von S und wegen der Gleichgültigkeit des Integrationsbuchstabens

$$\left. \begin{aligned} &\int_0^{\varkappa} x^{l-1} dx \int_0^{\varkappa - x} y^{m-1} f(x+y)\, dy \\ &= \frac{\Gamma(l)\,\Gamma(m)}{\Gamma(l+m)} \int_0^{\varkappa} t^{l+m-1} f(t)\, dt\,. \end{aligned} \right\} \quad (6)$$

$$Lim \int_a^b \frac{\Phi(x, \varkappa + \varDelta\varkappa) - \Phi(x, \varkappa)}{\varDelta\varkappa} dx = \int_a^b \frac{d\Phi(x, \varkappa)}{d\varkappa} dx \qquad \text{(E)}$$

ist, und geht mit Benutzung der Gleichungen (C), (D) und (E) in (A) zur Gränze für unendlich abnehmende $\varDelta\varkappa$ über, so ergiebt sich unmittelbar die im Texte angeführte Formel.

Etwas rascher gelangt man zu demselben Resultate, wenn man in dem Doppelintegrale

$$\int_0^{\varkappa}\int_0^{\varkappa-x} x^{l-1}\, y^{m-1}\, f(x+y)\, dx\, dy$$

erst $y = t - x$ also $dy = dt$ und nachher $x = ts$, also $dx = tds$ setzt, wofür man kurz sagen kann, dass $x = st$, $y = (1-s)t$ genommen und in der ersten Substitution s in der zweiten t als neue Veränderliche betrachtet worden ist. Es wird dann

$$\iint x^{l-1}\, y^{m-1} f(x+y)\, dx\, dy = \iint s^{l-1}(1-s)^{m-1}\, t^{l+m-1}\, f(t)\, ds\, dt$$

$$= \int s^{l-1}(1-s)^{m-1} ds \int t^{l+m-1} f(t)\, dt\,.$$

Die Gränzen für t bestimmen sich durch die Gleichungen $y = 0$ und $y = \varkappa - x$, die hier in $(1-s)t = 0$, $(1-s)t = \varkappa - st$ übergehen, woraus $t = 0$, $t = \varkappa$ folgt; die Gränzen für s ergeben sich aus den Gleichungen $x = 0$, $x = \varkappa$ oder $ts = 0$, $ts = \varkappa$, nämlich $s = 0$, $s = \frac{\varkappa}{t}$, oder weil t nach Ausführung der ersten Integration den Werth $\varkappa$ angenommen hat, $s = 0$ und $s = 1$. Mittelst dieser Substitutionen kommen wir auf die Formel (6) zurück.

Betrachten wir jetzt den Fall eines dreifachen Integrales, oder

$$S = \int x^{l-1} dx \int y^{m-1} dy \int z^{n-1} f(x+y+z)\, dz$$

$$x + y + z \leqq \varkappa$$

so kann erstlich x das Intervall 0 bis $\varkappa$ durchlaufen, dann müssen aber y und z so gewählt werden, dass $y + z \geqq \varkappa - x$ ist; bezeichnen wir $\varkappa - x$ zur Abkürzung mit $\varkappa'$, so befinden wir uns mit den Integrationen in Bezug auf y und z für $y + z \leqq \varkappa'$ ganz in dem Falle, wie früher mit den Integrationen in Beziehung auf x und y für $x + y \leqq \varkappa$. Es ist demnach

$$S = \int_0^{\varkappa} x^{l-1}\, dx \int_0^{\varkappa'} y^{m-1}\, dy \int_0^{\varkappa'-y} z^{n-1} f(x+y+z)\, dz\,.$$

Das Doppelintegral

$$\int_0^{\varkappa'} y^{m-1}\,dy \int_0^{\varkappa'-y} z^{n-1} f(x+y+z)\,dz$$

lässt sich aber nach der so eben entwickelten Regel Nr. (6) auf das einfachere:

$$\frac{\Gamma(m)\,\Gamma(n)}{\Gamma(m+n)}\int_0^{\varkappa'} t^{m+n-1} f(x+t)\,dt$$

reduziren und wegen $\varkappa' = \varkappa - x$ wird nun

$$S = \frac{\Gamma(m)\,\Gamma(n)}{\Gamma(m+n)}\int_0^{\varkappa} x^{l-1}\,dx \int_0^{\varkappa-x} t^{m+n-1} f(x+t)\,dt$$

und bei nochmaliger Anwendung derselben Regel

$$S = \frac{\Gamma(m)\,\Gamma(n)}{\Gamma(m+n)}\cdot\frac{\Gamma(l)\,\Gamma(m+n)}{\Gamma(l+m+n)}\int_0^{\varkappa} u^{l+m+n-1} f(u)\,du$$

oder wenn man wieder t für u schreibt

$$S = \frac{\Gamma(l)\,\Gamma(m)\,\Gamma(n)}{\Gamma(l+m+n)}\int_0^{\varkappa} t^{l+m+n-1} f(t)\,dt\,. \tag{7}$$

Man übersieht leicht den Fortgang dieser Reduktionen. Bei vier Variablen x, y, z, s, z. B. wo

$$x + y + z + s \leqq \varkappa$$

sein soll, kann man erstlich x von 0 bis $\varkappa$ gehen lassen, und muss dann y, z, s so wählen, dass $y + z + s \leqq \varkappa - x$ ist, wobei $\varkappa - x = \varkappa'$ sein möge. Um nun wieder die Bedingung $y + z + s \leqq \varkappa'$ zu erfüllen, giebt man y alle Werthe von $y = 0$ bis $y = \varkappa'$ und wählt z und s so, dass $z + s \leqq \varkappa' - y \leqq \varkappa''$ bleibt, wo $\varkappa''$ zur Abkürzung dient. Endlich lässt man z von 0 bis $\varkappa''$ gehen und setzt $s = \varkappa'' - z$. Es ist demnach bei vier Variablen für:

$$\varkappa - x = \varkappa', \quad \varkappa' - y = \varkappa'',$$

$$S = \int_0^{\varkappa} x^{l-1}\, dx \int_0^{\varkappa'} y^{m-1}\, dy \int_0^{\varkappa''} z^{n-1}\, dz \int_0^{\varkappa''-z} s^{p-1} f(x+y+z+s)\, ds$$

und wenn man das dreifache Integral in Bezug auf y, z, s nach Formel (7) und das nachher übrig bleibende doppelte nach Formel (6) reduzirt, so ergiebt sich

$$S = \frac{\Gamma(l)\,\Gamma(m)\,\Gamma(n)\,\Gamma(p)}{\Gamma(l+m+n+p)} \int_0^{\varkappa} t^{l+m+n+p-1} f(t)\, dt$$

und überhaupt gilt die allgemeine Reduktionsformel:

$$\left.\begin{aligned} &\iiint \ldots x^{l-1} y^{m-1} z^{n-1} \ldots f(x+y+z+\ldots)\, dx\, dy\, dz \ldots \\ &= \frac{\Gamma(l)\,\Gamma(m)\,\Gamma(n)\ldots}{\Gamma(l+m+n+\ldots)} \int_0^{\varkappa} t^{l+m+n+\ldots-1} f(t)\, dt \end{aligned}\right\} \quad (8)$$

wobei die Integrationen sich auf alle die positiven x, y, z, ... erstrecken, welche der Bedingung

$$x + y + z + \ldots . \leqq \varkappa \qquad (9)$$

Genüge leisten.

Eines der einfachsten Beispiele für dieses sehr bemerkenswerthe, von Liouville gefundene Theorem giebt die Supposition $f(x+y+z+\ldots)=1$; wendet man auf der rechten Seite die Relation $\mu\,\Gamma(\mu) = \Gamma(1+\mu)$ an, so wird

$$\begin{aligned} &\iiint \ldots x^{l-1} y^{m-1} z^{n-1} \ldots dx\, dy\, dz \ldots \\ &= \frac{\Gamma(l)\,\Gamma(m)\,\Gamma(n)\ldots.}{\Gamma(1+l+m+n+\ldots)} \varkappa^{l+m+n+\ldots}. \end{aligned}$$

Für

$$x = \left(\frac{\xi}{a}\right)^p, \quad y = \left(\frac{\eta}{b}\right)^q, \quad z = \left(\frac{\zeta}{c}\right)^r, \ldots .$$

und $\varkappa = 1$ ergiebt sich hieraus leicht:

$$\iiint \ldots \xi^{pl-1} \eta^{qm-1} \zeta^{rn-1} \ldots d\xi\, d\eta\, d\zeta \ldots$$

$$= \frac{a^{pl}\, b^{qm}\, c^{rn} \ldots\ldots}{p\, q\, r \ldots\ldots} \cdot \frac{\Gamma(l)\, \Gamma(m)\, \Gamma(n) \ldots\ldots}{\Gamma(1+l+m+n+\ldots)}$$

wobei die Bedingung

$$\left(\frac{\xi}{a}\right)^p + \left(\frac{\eta}{b}\right)^q + \left(\frac{\zeta}{c}\right)^r + \ldots \leqq 1$$

erfüllt sein muss. Schreibt man noch x, y, z für ξ, η, ζ und $\frac{l}{p}$, $\frac{m}{q}$, $\frac{n}{r}$, ... für l, m, n, ..., so gelangt man zur folgenden Formel:

$$\left.\begin{aligned} &\iiint \ldots x^{l-1} y^{m-1} z^{n-1} \ldots dx\, dy\, dz \ldots \\ &= \frac{a^l\, b^m\, c^n \ldots}{pqr \ldots} \cdot \frac{\Gamma\left(\frac{l}{p}\right) \Gamma\left(\frac{m}{q}\right) \Gamma\left(\frac{n}{r}\right) \ldots}{\Gamma\left(1 + \frac{l}{p} + \frac{m}{q} + \frac{n}{r} + \ldots\right)} \end{aligned}\right\} \quad (10)$$

wobei sich die Integration auf alle positive, die Bedingung

$$\left(\frac{x}{a}\right)^p + \left(\frac{y}{b}\right)^q + \left(\frac{z}{c}\right)^r + \ldots\ldots \leqq 1 \qquad (11)$$

erfüllende x, y, z, ... erstreckt.

Die soeben aufgestellte Formel dient zur Auflösung einer grossen Anzahl von Aufgaben über die Bestimmung der Volumina, Schwerpunkte und Trägheitsmomente verschiedener Körper; so giebt z. B. die Formel

$$\iiint dx\, dy\, dz = \frac{abc}{pqr} \cdot \frac{\Gamma\left(\frac{1}{p}\right) \Gamma\left(\frac{1}{q}\right) \Gamma\left(\frac{1}{r}\right)}{\Gamma\left(1 + \frac{1}{p} + \frac{1}{q} + \frac{1}{r}\right)}$$

den Inhalt desjenigen Raumes an, welcher von den positiven Theilen der Coordinatenebenen und der durch die Gleichung:

$$\left(\frac{x}{a}\right)^p + \left(\frac{y}{b}\right)^q + \left(\frac{z}{c}\right)^r = 1$$

charakterisirten Fläche begränzt wird. Sind p, q, r gerade Zahlen oder Brüche, welche dergleichen zu Zählern haben, so ist jene Fläche eine geschlossene, die durch die Coordinatenebenen in congruente Octanten zerlegt wird, und dann ist der blos von der Fläche eingeschlossene Raum das Achtfache des obigen Ausdrucks. So findet man z. B. für $p = q = r = 2$, dass $\frac{4}{3} abc\pi$ der cubische Inhalt eines Ellipsoides mit den Achsen a, b, c ist, und ebenso leicht, dass der von der Fläche

$$\left(\frac{x}{a}\right)^4 + \left(\frac{y}{b}\right)^4 + \left(\frac{z}{c}\right)^4 = 1$$

begränzte Raum durch

$$\frac{1}{6} abc \frac{\Gamma(\frac{1}{4})^3}{\Gamma(\frac{3}{4})}$$

ausgedrückt wird und demnach blos von dem Integrale $\int_0^1 \frac{dx}{\sqrt{1-x^4}}$ abhängt, welches auch zur Rektifikation der Lemniscate dient.

Durch Einführung neuer Variablen kann man übrigens die gefundene Gleichung

$$\int_0^\varkappa x^{l-1}\, dx \int_0^{\varkappa-x} y^{m-1}\, dy \int_0^{\varkappa-x-y} z^{n-1}\, dz \ldots \int_0^{\varkappa-x-y-\ldots-u} v^{s-1} f(x+y+\ldots+v)\, dv$$

$$= \frac{\Gamma(l)\,\Gamma(m)\,\Gamma(n)\,\ldots\,\Gamma(s)}{\Gamma(l+m+n+\ldots+s)} \int_0^\varkappa t^{l+m+n+\ldots+s-1} f(t)\, dt$$

noch auf eine andere ebenso elegante als brauchbare Form bringen. Setzt man zunächst $x = \varkappa - \xi$ und berücksichtigt, dass überhaupt immer

$$\int_0^\varkappa \Psi(x)\, dx = \int_0^\varkappa \Psi(\varkappa - \xi)\, d\xi$$

ist, so geht die linke Seite in:

$$\int_0^x (x-\xi)^{l-1} d\xi \int_0^\xi y^{m-1} dy \int_0^{\xi-y} z^{n-1} dz \ldots \int_0^{\xi-y-z-\ldots-u} v^{s-1} f(x-\xi+y+\ldots+v)\, dv$$

über. Für $y=\xi-\eta$, wo nun η die neue Variable und ξ constant für die Integration nach η ist, wird hieraus

$$\int_0^x (x-\xi)^{l-1} d\xi \int_0^\xi (\xi-\eta)^{m-1} d\eta \ldots \int_0^{\eta-z-\ldots-u} v^{s-1} f(x-\eta+z+\ldots+v)\, dv$$

führt man überhaupt statt der früheren Variablen $x, y, z, \ldots. u, v$ die neuen $\xi, \eta, \zeta, \ldots \chi, \omega$ ein, welche mit jenen durch die Gleichungen

$$x=x-\xi,\ y=\xi-\eta,\ z=\eta-\zeta,\ \ldots,\ v=\chi-\omega$$

verbunden sind, so ergiebt sich ohne Schwierigkeit

$$\int_0^x (x-\xi)^{l-1} d\xi \int_0^\xi (\xi-\eta)^{m-1} d\eta \ldots\ldots \int_0^\chi (\chi-\omega)^{s-1} f(x-\omega)\, d\omega$$

$$= \frac{\Gamma(l)\,\Gamma(m)\,\ldots.\,\Gamma(s)}{\Gamma(l+m+\ldots+s)} \int_0^x t^{l+m+\ldots+s-1} f(t)\, dt\,.$$

Setzt man weiter $f(x-\omega)=\Phi(\omega)$, also $f(t)=\Phi(x-t)$ und substituirt auf der rechten Seite statt t die neue Variable $x-\tau$, so gelangt man zu dem sehr eleganten Theoreme:

$$\left.\begin{aligned} &\int_0^x (x-\xi)^{l-1} d\xi \int_0^\xi (\xi-\eta)^{m-1} d\eta \ldots. \int_0^\chi (\chi-\omega)^{s-1}\, \Phi(\omega)\, d\omega \\ &\quad = \frac{\Gamma(l)\,\Gamma(m)\,\ldots\,\Gamma(s)}{\Gamma(l+m+\ldots+s)} \int_0^x (x-\tau)^{l+m+\ldots+s-1}\, \Phi(\tau)\, d\tau\,. \end{aligned}\right\} \quad (12)$$

Von besonderem Interesse ist hier der Fall

$$l+m+n+\ldots+s=1 \qquad (13)$$

in welchem wir

$$\int \Phi(\tau)\, d\tau = \varphi(\tau)$$

setzen wollen, woraus $\Phi(\tau) = \varphi'(\tau)$, also auch $\Phi(\omega) = \varphi'(\omega)$ folgt. Es wird dann:

$$\left.\begin{aligned} &\int_0^x (x-\xi)^{l-1} d\xi \int_0^\xi (\xi-\eta)^{m-1} d\eta \ldots \int_0^\chi (\chi-\omega)^{s-1} \varphi'(\omega)\, d\omega \\ &\qquad = \Gamma(l)\,\Gamma(m) \ldots \Gamma(s)\,[\varphi(x) - \varphi(o)] \end{aligned}\right\} \quad (14)$$

und da hier x eine ganz willkührliche Grösse bezeichnet, so dient diese Formel u. A. auch um eine willkührliche Funktion $\varphi(x)$ in ein vielfaches bestimmtes Integral zu verwandeln. — Reduzirt man die verschiedenen Variablen auf zwei, so wird $m = 1 - l$

$$\int_0^x (x-\xi)^{l-1} d\xi \int_0^\xi \frac{\varphi'(\eta)\, d\eta}{(\xi-\eta)^l} = \frac{\pi}{\sin \pi l} [\varphi(x) - \varphi(o)]$$

und hierin spricht sich ein zuerst von Abel auf anderem Wege entwickeltes Resultat aus *). Man kann dasselbe auch in etwas anderer

---

*) In Crelle's *Journal Bd. I. S.* 153 beweist Abel zuerst den speziellen Fall $\varphi(x) = x^\alpha$, was mittelst der Substitutionen $\eta = \xi v$, $\xi = xu$ sehr leicht ist. In der so entstandenen Gleichung

$$\int_0^x (x-\xi)^{l-1} d\xi \int_0^\xi \frac{\alpha\eta^{\alpha-1} d\eta}{(\xi-\eta)^l} = \frac{\pi}{\sin \pi l} x^\alpha$$

sieht nun der Verf. α als variabel an, multiplizirt beiderseits mit $f(\alpha)\, d\alpha$, integrirt nach α zwischen willkührlichen Gränzen und setzt dabei

$$\int x^\alpha f(\alpha)\, d\alpha = \varphi(x) \quad \text{also} \quad \int \alpha\eta^{\alpha-1} f(\alpha)\, d\alpha = \varphi'(\eta)$$

wodurch er ebenfalls zum allgemeinen Theoreme gelangt. Diese Ableitung ist jedoch nicht streng, da man nicht voraussetzen darf, dass sich jede Funktion $\varphi(x)$ durch ein bestimmtes Integral von obiger Form ausdrücken lassen muss, oder mit anderen Worten, es fehlt der Beweis, dass die Gleichung

$$\varphi(x) = \int_\alpha^\beta x^\vartheta f(\vartheta)\, d\vartheta,$$

worin $f(\vartheta)$ eine noch zu bestimmende Funktion von ϑ bezeichnet, für jedes gegebene $\varphi(x)$ auflösbar ist.

Form darstellen, indem man sagt: sind zwei Funktionen φ und ψ so mit einander verbunden, dass

$$\int_0^\xi \frac{\varphi'(\eta)\,d\eta}{(\xi-\eta)^l} = \psi(\xi) \tag{15}$$

ist, so erhält man umgekehrt φ durch ψ ausgedrückt mittelst der Formel

$$\varphi(x) - \varphi(o) = \frac{\sin \pi l}{\pi} \int_0^x (x-\xi)^{l-1}\,\psi(\xi)\,d\xi. \tag{16}$$

Der geniale, leider zu früh verstorbene Urheber dieses Theoremes macht hiervon eine sehr nette Anwendung auf das dynamische Problem von der Bewegung eines schweren Punktes auf einer gegebenen Curve. Denkt man sich nämlich in einer Vertikalebene eine Curve construirt, durch den tiefsten Punkt derselben, der als Coordinatenanfang genommen wird, in vertikaler Richtung die Achse der x gezogen, so wird derjenige Bogen der Curve, welchem die Abscissen $x=0$ und $x=h$ entsprechen (dessen Projektion auf die Abscissenachse $=h$ ist) in der Zeit

$$t = \frac{1}{\sqrt{2g}} \int_0^h \frac{ds}{\sqrt{h-x}} \tag{17}$$

durchlaufen, in welcher Gleichung ds das Bogenelement der Curve, also $\frac{ds}{dt}$ die momentane Geschwindigkeit des Beweglichen im Punkte xy und g die Beschleunigung der Schwere bezeichnet. In dieser Formel ist nun s als Funktion von x gegeben etwa $s=\varphi(x)$ und man findet die Abhängigkeit des t von h etwa $t=\psi(h)$. Kehrt man nun die Aufgabe um und verlangt diejenige Curve zu finden, für welche die Fallzeit t eine gegebene Funktion von h ist, so muss man umgekehrt s durch t oder φ durch ψ ausdrücken. Vergleicht man (15) mit (17), indem man $\eta=x$, $\xi=h$, $l=\frac{1}{2}$ und $\varphi(x):\sqrt{ag}$ für $\varphi(x)$ setzt, so wird $\psi(\xi)=\psi(h)=t$ und die Formel (16) giebt jetzt

$$\frac{1}{\sqrt{2g}}\left[\varphi(x) - \varphi(o)\right] = \frac{1}{\pi} \int_0^x \frac{\psi(h)\,dh}{\sqrt{x-h}}$$

oder wenn man x für das beliebige x schreibt und bemerkt, dass für $x=0$ sich der Bogen $\varphi(x)$ annullirt

$$\varphi(x) = \frac{\sqrt{2g}}{\pi} \int_0^x \frac{\psi(h)\, dh}{\sqrt{x-h}}$$

oder

$$s = \frac{\sqrt{2g}}{\pi} \int_0^x \frac{t\, dh}{\sqrt{x-h}} \tag{18}$$

wobei x constant für die Integration nach h bleibt. Hat man auf diese Weise s als Funktion von x bestimmt, so kann man nachher die Gleichung der Curve in rechtwinklichen Coordinaten mittelst der Formel

$$y = \int_0^x dx \sqrt{\left(\frac{ds}{dx}\right)^2 - 1}$$

entwickeln, wobei die untere Integrationsgränze sich aus der Bemerkung ergiebt, dass für $x=0$ auch $y=0$ sein muss, weil in diesem Falle schon $s=0$ war.

§. 20.

Die erste unter den Methoden, welche vorhin zur Reduktion des Doppelintegrales

$$\int_0^x x^{l-1}\, dx \int_0^{x-x} y^{m-1} f(x+y)\, dy$$

dienten, eignet sich vorzüglich zur Transformation aller unter der allgemeinen Form

$$S = \int_0^1 dx \int_0^{\varphi(x)} dy\, f(x,y) \tag{1}$$

stehenden Integrale und diess ist in so fern von Werth, als das Problem der Complanation von Oberflächen immer auf solche Integrale führt.

Wir sehen nämlich S als einen speziellen Fall des allgemeineren Integrales

$$T = \int_0^{\varkappa} dx \int_0^{\varphi(x,\varkappa)} dy\, f(x,y) \tag{2}$$

an, worin $\varkappa$ eine willkührlich in $\varphi(x)$ eingetragene Constante bezeichnet; zugleich setzen wir voraus, dass die verallgemeinerte Funktion $\varphi(x,\varkappa)$ für $\varkappa = 1$ auf $\varphi(x)$ zurückkomme und für $x = \varkappa$ sich annullire. Nehmen wir zur Abkürzung

$$\int_0^{\varphi(x,\varkappa)} dy\, f(x,y) = F(x,\varkappa) \tag{3}$$

also

$$T = \int_0^{\varkappa} F(x,\varkappa)\, dx$$

so ergiebt sich jetzt durch partielle Differenziation in Bezug auf $\varkappa$

$$\frac{dT}{d\varkappa} = F(\varkappa,\varkappa) + \int_0^{\varkappa} \frac{dF(x,\varkappa)}{d\varkappa}\, dx. \tag{4}$$

Zufolge von Nr. (3) ist aber

$$F(\varkappa,\varkappa) = \int_0^{\varphi(\varkappa,\varkappa)} dy\, f(x,y) = \int_0^0 dy\, f(x,y) = 0$$

$$\frac{dF(x,\varkappa)}{d\varkappa} = f[x, \varphi(x,\varkappa)]\, \frac{d\varphi(x,\varkappa)}{d\varkappa}.$$

Die Substitution beider Ausdrücke in (4) giebt jetzt

$$\frac{dT}{d\varkappa} = \int_0^{\varkappa} f[x, \varphi(x,\varkappa)] \left(\frac{d\varphi(x,\varkappa)}{d\varkappa}\right) dx$$

oder

$$T = \int d\varkappa \int_0^{\varkappa} f[x, \varphi(x,\varkappa)] \left(\frac{d\varphi(x,\varkappa)}{d\varkappa}\right) dx + Const.$$

Nimmt man $\varkappa = 1$, $\varkappa = 0$, subtrahirt die beiden so entstehenden Werthe des T von einander und bemerkt dabei, dass für $\varkappa = 1$ das Integral T in S und für $\varkappa = 0$ in Null übergeht, so wird

$$S = \int_0^1 d\varkappa \int_0^\varkappa f[x, \varphi(x, \varkappa)] \left(\frac{d\varphi(x, \varkappa)}{d\varkappa}\right) dx. \tag{5}$$

Es ist sehr leicht, dem nach x genommenen Integrale ebenfalls die Gränzen 0 und 1 zu verschaffen; in der That bedarf es hierzu, nach Ausführung der durch

$$\left(\frac{d\varphi(x, \varkappa)}{d\varkappa}\right)$$

angedeuteten partiellen Differenziation, nur der Substitution $x = \varkappa\vartheta$, wo ϑ eine neue Variable bezeichnet. Man hat dann das mit variablen Integrationsgränzen versehene Integral in (1) auf ein anderes mit constanten Integrationsgränzen zurückgeführt und diess ist für die Reduktion des fraglichen Integrales deshalb ein wichtiger Schritt, weil in der neuen Form die Anordnung der Integrationen der Willkühr überlassen werden kann. Um hiervon gleich ein elegantes Beispiel zu haben, wollen wir voraussetzen, dass sich in dem Integrale

$$S_1 = \iint f(x, y)\, dx\, dy$$

die Integrationen auf alle positiven, die Bedingung

$$x^2 + y^2 \leqq 1$$

erfüllende x und y beziehen sollen, woraus

$$\varphi(x) = \sqrt{1 - x^2}$$

folgt. Setzen wir nun

$$\varphi(x, \varkappa) = \sqrt{\varkappa^2 - x^2}$$

so genügt die verallgemeinerte Funktion $\varphi(x, \varkappa)$ den Voraussetzungen $\varphi(x, 1) = \varphi(x)$, $\varphi(\varkappa, \varkappa) = 0$; zugleich ist

$$\left(\frac{d\varphi(x, \varkappa)}{d\varkappa}\right) = \frac{\varkappa}{\sqrt{\varkappa^2 - x^2}}$$

und mithin nach Nr. (5)

$$S_1 = \int_0^1 d\varkappa \int_0^\varkappa f[x, \sqrt{\varkappa^2 - x^2}] \frac{\varkappa}{\sqrt{\varkappa^2 - x^2}} dx$$

woraus für $x = \varkappa\vartheta$ folgt

$$S_1 = \int_0^1 d\varkappa \int_0^1 f[\varkappa\vartheta, \varkappa\sqrt{1-\vartheta^2}] \frac{\varkappa}{\sqrt{1-\vartheta^2}} d\vartheta \tag{6}$$

oder auch durch Umkehrung der Integrationsordnung

$$S_1 = \int_0^1 \frac{d\vartheta}{\sqrt{1-\vartheta^2}} \int_0^1 f[\varkappa\vartheta, \varkappa\sqrt{1-\vartheta^2}]\, \varkappa\, d\varkappa. \tag{7}$$

Man wird gleich übersehen, dass es unzählige Fälle geben wird, in welchen sich entweder in (6) oder (7) die erste Integration bewerkstelligen lässt und in allen diesen Fällen führt man die Complanation auf eine Quadratur zurück. Nimmt man beispielsweis

$$f(x, y) = \sqrt{\frac{1 - \beta^2 x^2 - \alpha^2 y^2}{1 - x^2 - y^2}}$$

so ergiebt sich auf der Stelle aus der Vergleichung der beiden Werthe von S_1

$$\iint dx\, dy \sqrt{\frac{1 - \beta^2 x^2 - \alpha^2 y^2}{1 - x^2 - y^2}} \qquad (\text{für } x^2 + y^2 \leqq 1)$$

$$= \int_0^1 \frac{d\vartheta}{\sqrt{1-\vartheta^2}} \int_0^1 \varkappa\, d\varkappa \sqrt{\frac{1 - \beta^2 \varkappa^2 \vartheta^2 - \alpha^2 \varkappa^2 (1-\vartheta^2)}{1-\varkappa^2}}. \tag{8}$$

Setzt man zur Abkürzung

$$\beta^2 \vartheta^2 + \alpha^2 (1 - \vartheta^2) = \omega^2 \tag{9}$$

und führt eine neue Variable $z = \varkappa^2$ ein, so erhält man unmittelbar

$$\iint dx\, dy \sqrt{\frac{1 - \beta^2 x^2 - \alpha^2 y^2}{1 - x^2 - y^2}} \qquad (\text{für } x^2 + y^2 \leqq 1)$$

$$= \frac{1}{2} \int_0^1 \frac{d\vartheta}{\sqrt{1-\vartheta^2}} \int_0^1 dz \sqrt{\frac{1-\omega^2 z}{1-z}}$$

$$= \frac{1}{2} \int_0^1 \frac{d\vartheta}{\sqrt{1-\vartheta^2}} \left\{1 + \frac{1-\omega^2}{2\omega}\, l\left(\frac{1+\omega}{1-\omega}\right)\right\} \tag{10}$$

wie man durch Ausführung der Integration nach z ohne Schwierigkeit findet. Statt nun für ω seinen Werth aus Nr. (9) zu substituiren, behalten wir diese Grösse gleich als neue Variable bei und entwickeln $d\vartheta : \sqrt{1-\vartheta^2}$ mit Hülfe von ω. Aus Nr. (9) folgt dann

$$\vartheta = \sqrt{\frac{\omega^2-\alpha^2}{\beta^2-\alpha^2}},$$

woraus $d\vartheta$ und $\sqrt{1-\vartheta^2}$ leicht abzuleiten sind. Berücksichtigt man endlich noch in Nr. (10) die Formel

$$\int_0^1 \frac{d\vartheta}{\sqrt{1-\vartheta^2}} = \frac{\pi}{2}$$

so erhält man ohne Schwierigkeit

$$\iint dx\, dy \sqrt{\frac{1-\beta^2 x^2-\alpha^2 y^2}{1-x^2-y^2}} \qquad (\text{für } x^2+y^2 \leqq 1)$$

$$= \frac{\pi}{4} + \frac{1}{4}\int_\alpha^\beta \frac{1-\omega^2}{\sqrt{(\omega^2-\alpha^2)(\beta^2-\omega^2)}}\, l\left(\frac{1+\omega}{1-\omega}\right) d\omega\,. \tag{11}$$

Diese elegante Formel dient zugleich zur Complanation des dreiachsigen Ellipsoids. Wendet man nämlich die allgemeine Complanationsformel

$$U = \iint d\xi\, d\eta \sqrt{1+\left(\frac{d\zeta}{d\xi}\right)^2+\left(\frac{d\zeta}{d\eta}\right)^2}$$

auf den Fall an, wo

$$\left(\frac{\xi}{a}\right)^2+\left(\frac{\eta}{b}\right)^2+\left(\frac{\zeta}{c}\right)^2 = 1$$

oder

$$\zeta = c\sqrt{1-\left(\frac{\xi}{a}\right)^2-\left(\frac{\eta}{b}\right)^2}$$

ist, setzt zur Abkürzung

$$1-\frac{c^2}{a^2} = \beta^2, \quad 1-\frac{c^2}{b^2} = \alpha^2$$

und dehnt die Integrationen so aus, dass U die Fläche des von den positiven Theilen der Abscissenachsen durchschnittenen Octanten des Ellipsoids darstellt, so findet man

$$U = \int\int d\xi \, d\eta \sqrt{\frac{1 - \left(\frac{\beta\xi}{a}\right)^2 - \left(\frac{\alpha\eta}{b}\right)^2}{1 - \left(\frac{\xi}{a}\right)^2 - \left(\frac{\eta}{b}\right)^2}}$$

unter der Bedingung

$$\left(\frac{\xi}{a}\right)^2 + \left(\frac{\eta}{b}\right)^2 \leqq 1$$

wie man leicht aus einer einfachen geometrischen Betrachtung abnehmen wird. Für $\xi = ax$, $\eta = by$ wird hieraus

$$U = ab \int\int dx \, dy \sqrt{\frac{1 - \beta^2 x^2 - \alpha^2 y^2}{1 - x^2 - y^2}}$$

$$x^2 + y^2 \leqq 1$$

und mithin wird nach Formel (11) die Oberfläche eines Octanten des dreiachsigen Ellipsoids durch

$$\tfrac{1}{4} ab\pi + \tfrac{1}{4} ab \int_\alpha^\beta \frac{1 - \omega^2}{\sqrt{(\omega^2 - \alpha^2)(\beta^2 - \omega^2)}} \, l\left(\frac{1+\omega}{1-\omega}\right) d\omega \qquad (12)$$

ausgedrückt. Dabei sind α und β die beiden Excentricitäten des Ellipsoids und zwar, wenn $a > b > c$, α die kleinere, beide aber ächte Brüche. Dass dieselben in unserer Formel zugleich als Gränzen des nach ω genommenen Integrales auftreten, ist eine eigenthümliche Erscheinung.

Weitere Details über diese Methode zur Reduktion doppelter Integrale würden hier um so überflüssiger sein, als wir namentlich im zweiten Theile dieser Schrift viel allgemeinere und expeditivere Mittel zur Reduktion solcher vielfacher Integrale, in denen willkührliche Funktionen vorkommen, aufzeigen werden.

§. 21.

Die Hauptschwierigkeit bei der Behandlung derjenigen vielfachen Integrale, in denen die Integrationsgränzen blos durch eine oder mehrere Bedingungsgleichungen bestimmt werden, besteht, wie man aus dem Gedankengange der vorigen Paragraphen leicht abnehmen wird, darin, dass hier die Aufeinanderfolge der Integrationen unabänderlich vorgeschrieben ist, indem die Integrationsgränzen für die erste Variable Funktionen der zweiten Variablen, die Gränzen für diese wieder Funktionen der dritten Variablen etc. und erst die Integrationsgränzen für die letzte Variable (früher x) constante Grössen sind. Diese feststehende Ordnung beraubt uns der Möglichkeit, eine Umkehrung der Integrationsordnungen vorzunehmen, welche nur bei durchweg constanten Gränzen anwendbar, dann aber auch eines der mächtigsten Hülfsmittel zur Verwerthung vielfacher Integrale ist. Es drängt sich daher von selbst die Frage auf, ob man nicht durch irgend einen Kunstgriff das fragliche vielfache Integral in ein anderes verwandeln könnte, dessen Integrationsgränzen constante Grössen und womöglich 0 und ∞ oder $-\infty$ und $+\infty$ sind, weil man viele Integrale der letzteren Art kennt. Diesen Gedanken hat Lejeune Dirichlet auf die folgende ebenso einfache als geniale Weise ausführen gelehrt *).

Um einen bestimmten nicht zu complizirten Fall vor Augen zu haben, sei

$$S = \int\int\int \ldots F(x, y, z, \ldots)\, dx\, dy\, dz \ldots \tag{1}$$

das gegebene vielfache Integral, worin die Integrationsgränzen unter Voraussetzung positiver x, y, z, ... durch die Bedingung

$$x + y + z + \ldots < 1$$

bestimmt werden mögen. Gesetzt nun, man könnte ein Integral

$$\int_{\alpha}^{\beta} f(\omega, \sigma)\, d\omega = \Omega \tag{2}$$

---

*) M. s. *Abhandlungen der K. Akademie der Wissenschaften zu Berlin; aus dem Jahre* 1839, erschienen 1841, *S.* 61 *der mathematischen Abhandlungen.*

auftreiben, dass für alle Werthe der darin enthaltenen willkührlichen Constante σ, welche unter der Einheit liegen, $\Omega = 1$ dagegen für alle $\sigma > 1$, $\Omega = 0$ wäre, so würde man weil der erste Fall $\sigma < 1$ mit der Bedingung $x + y + z + \ldots < 1$ conform ist, auch sagen können, dass

$$\int_\alpha^\beta f(\omega, x + y + z + \ldots)\, d\omega = 1 \text{ oder } = 0$$

ist jenachdem

$$x + y + z + \ldots < 1 \text{ oder } > 1$$

ausfällt, und dabei würden x, y, z, ... natürlich als willkührliche Constanten in Bezug auf die Integration nach ω erscheinen. Betrachten wir nun das Integral

$$S' = \iiint \ldots F(x, y, z, \ldots)\, dx\, dy\, dz \ldots \int_\alpha^\beta f(\omega, x + y + z + \ldots)\, d\omega$$

so erhellt auf der Stelle, dass es mit S so lange identisch ist, als $x + y + z + \ldots < 1$ bleibt, dass es aber verschwindet, sobald $x + y + z + \ldots > 1$ ausfällt. In dem Falle endlich, wo $x + y + z + \ldots = 1$ ist, annullirt sich das Integral von selbst, welchen Werth auch der Faktor Ω haben möge, weil es sich dann auf eines seiner unendlich abnehmenden Elemente reduzirt *).

---

*) Handelte es sich z. B. um die Cubatur des Ellipsoids, so wäre das Integral $\iiint dx\, dy\, dz$ so zu nehmen, dass $\left(\frac{x}{a}\right)^2 + \left(\frac{y}{b}\right)^2 + \left(\frac{z}{c}\right)^2 \leqq 1$ bleibt, d. h. es wären alle diejenigen Körperelemente zu addiren, deren Coordinaten x, y, z, die obige Bedingung erfüllen. Von diesen Elementen liegen die, welche der Umgleichung $\left(\frac{x}{a}\right)^2 + \left(\frac{y}{b}\right)^2 + \left(\frac{z}{c}\right)^2 < 1$ genügen, **innerhalb** der begränzenden Fläche, und die, für welche $\left(\frac{x}{a}\right)^2 + \left(\frac{y}{b}\right)^2 + \left(\frac{z}{c}\right)^2 = 1$ wird, **auf** der genannten Fläche. Da man sich aber die Elemente als unendlich abnehmend zu denken hat, so bilden die Elemente der letzteren Art die begränzende Fläche selbst und liefern keinen Beitrag zum Volumen des fraglichen

Aus diesem Allen zusammen folgt, dass S' immer denselben Werth behält, man mag nun die Integrationen nach den Gränzen verrichten, welche der Bedingung $x+y+z+\ldots<1$ genügen, oder nach anderen und zwar grösseren; man kann daher auch behaupten, dass

$$S' = \int_0^\infty \int_0^\infty \int_0^\infty \ldots F(x, y, z, \ldots)\, dx\, dy\, dz \ldots \int_\alpha^\beta f(\omega, x+y+z+\ldots)\, d\omega$$

ist; denn denkt man sich das Integral in seine Elemente zerlegt, so scheidet der Faktor Ω von selbst alle diejenigen Elemente aus, für welche $x+y+z+\ldots>1$ wird. Da nun ausserdem $S'=S$ ist, so haben wir

$$\left.\begin{aligned} &\iiint \ldots F(x, y, z, \ldots)\, dx\, dy\, dz \ldots \\ = &\int_0^\infty \int_0^\infty \int_0^\infty \ldots F(x, y, z, \ldots)\, dx\, dy\, dz \ldots \int_\alpha^\beta f(\omega, x+y+z+\ldots)\, d\omega. \end{aligned}\right\} \quad (3)$$

Hier steht nun zwar auf der rechten Seite eine Integration mehr, aber dieser Nachtheil wird durch den Vortheil constanter Gränzen weit aufgewogen.

Da nun Alles darauf ankommt, ein Integral Ω von den obenangegebenen Eigenschaften zu haben, so müssen wir uns zunächst nach einem solchen umsehen. Es ist aber für lediglich positive c

$$\int_0^\infty \frac{\sin ct}{t}\, dt = \frac{\pi}{2} \qquad (4)$$

und hieraus ergiebt sich leicht:

Körpers, oder es ist $\iiint dx\, dy\, dz = 0$, sobald $\left(\frac{x}{a}\right)^2 + \left(\frac{y}{b}\right)^2 + \left(\frac{z}{c}\right)^2 = 1$ wird. Ganz ebenso verhält sich die Sache mit den Integralen S und S', so dass es einerlei ist, ob man die Bedingung $x+y+z+\ldots<1$ oder $x+y+z+\ldots\leqq 1$ aufstellt.

$$\int_0^\infty \frac{\sin bt \cos at}{t} . dt = \frac{1}{2}\int_0^\infty \frac{\sin(b+a)t + \sin(b-a)t}{t} dt$$

$$= \frac{1}{2}\int_0^\infty \frac{\sin(b+a)}{t} dt + \frac{1}{2}\int_0^\infty \frac{\sin(b-a)}{t} dt$$

folglich in dem Falle $b > a$ jedes der Integrale rechts $= \frac{\pi}{2}$ und

$$\int_0^\infty \frac{\sin bt \cos at}{t} dt = \frac{\pi}{2}, \quad b > a.$$

Dagegen wird für $b < a$

$$\int_0^\infty \frac{\sin bt \cos at}{t} dt = \frac{1}{2}\int_0^\infty \frac{\sin(a+b)t}{t} dt - \frac{1}{2}\int_0^\infty \frac{\sin(a-b)t}{t} dt$$

und da hier $a - b$ positiv ist,

$$\int_0^\infty \frac{\sin bt \cos at}{t} dt = 0, \quad b < a.$$

Setzen wir noch $b = 1$, $a = \sigma$, $t = \omega$ so folgt:

$$\left.\begin{aligned} \frac{2}{\pi}\int_0^\infty \frac{\sin \omega}{\omega} \cos \sigma\omega \, d\omega &= 1 \text{ für } \sigma < 1 \\ &= 0 \text{ „ } \sigma > 1 \end{aligned}\right\} \quad (5)$$

und also erfüllt das vorstehende Integral die Bedingungen, welche dem Ω auferlegt waren *), und wir haben demnach zu Folge der Gleichung (3) für:

---

*) Die Auffindung des Integrales Ω, welches Lejeune Dirichlet sehr passend den Diskontinuitätsfaktor nennt, steht hier noch als ein vereinzelter Kunstgriff des Calcüls. Dagegen werden wir im zweiten Theile dieser Schrift zeigen, wie sich dergleichen Faktoren in beliebiger Menge entwickeln lassen und dass es namentlich sehr leicht ist, ein Integral anzugeben, dessen Werth eine ganz beliebige Funktion $f(\sigma)$ oder Null ist, jenachdem σ innerhalb oder ausserhalb eines gegebenen Intervalles λ bis $\varkappa$ fällt. Der obige, bis jetzt der einzige bekannte, Diskontinuitätsfaktor erscheint dann nur als die einfachste Spezialisirung $f(\sigma) = 1$, $\lambda = 0$, $\varkappa = 1$.

$$x+y+z+\ldots \leqq 1$$

die Formel:

$$\iiint \ldots F(x, y, z, \ldots)\, dx\, dy\, dz$$

$$= \frac{2}{\pi} \int_0^\infty \int_0^\infty \int_0^\infty \ldots F(x, y, z, \ldots)\, dx\, dy\, dz \ldots$$

$$\ldots \int_0^\infty \frac{\sin \omega}{\omega} \cos (x+y+z+\ldots)\, \omega\, d\omega\ .$$

Bemerkt man noch, dass $\cos \sigma\omega$ der reelle Bestandtheil von $e^{-\sigma\omega i}$ ist $(i = \sqrt{-1})$, so kann man statt des Vorigen auch sagen, dass das Integral:

$$\left.\begin{array}{c} \iiint \ldots F(x, y, z, \ldots)\, dx\, dy\, dz \ldots \\ x+y+z+\ldots \leqq 1 \end{array}\right\} \quad (6)$$

die reelle Partie des folgenden ausmacht:

$$\left.\begin{array}{l} \frac{2}{\pi} \int_0^\infty \int_0^\infty \int_0^\infty \ldots F(x, y, z, \ldots)\, dx\, dy\, dz \ldots \\ \qquad \ldots \int_0^\infty \frac{\sin \omega}{\omega}\, e^{-(x+y+z+\ldots)\omega i}\, d\omega\ . \end{array}\right\} \quad (7)$$

Mit welcher ausserordentlichen Leichtigkeit sich dieses sehr allgemeine Theorem zur Verwerthung vielfacher Integrale anwenden lässt, mögen die folgenden Beispiele zeigen.

Es sei

$$F(x, y, z, \ldots) = x^{l-1}\, y^{m-1}\, z^{n-1} \ldots e^{-a(x+y+z+\ldots)} \quad (8)$$

so würde es sich nach Nr. (7) um den reellen Bestandtheil von:

$$\frac{2}{\pi}\int_0^\infty\int_0^\infty \ldots x^{l-1}e^{-ax}dx\,.\,y^{m-1}e^{-ay}dy\ldots\int_0^\infty\frac{\sin\omega}{\omega}e^{-\omega xi}e^{-\omega yi}\ldots d\omega$$

handeln. Statt nun zuerst nach ω und dann nach $x, y, z, \ldots$ zu integriren, kann man hier zuvor nach $x, y, z, \ldots$ integriren und die Integration nach ω bis zuletzt aufsparen, so dass das Integral in

$$\frac{2}{\pi}\int_0^\infty\frac{\sin\omega}{\omega}d\omega\int_0^\infty x^{l-1}e^{-(a+\omega i)x}dx\int_0^\infty y^{m-1}e^{-(a+\omega i)y}dy\ldots.$$

übergeht, wobei jetzt die Variablen $x, y, z, \ldots$ so gesondert sind, dass die Integrationen nach denselben sich auf ein bloses Produkt einfacher Integrale reduziren, deren Werthe sehr leicht anzugeben sind. Man erhält nämlich

$$\frac{2}{\pi}\Gamma(l)\,\Gamma(m)\,\Gamma(n)\ldots\int_0^\infty\frac{\sin\omega}{\omega}\cdot\frac{d\omega}{(a+\omega i)^{l+m+n+\ldots}}$$

und der reelle Theil hiervon ist der Werth des Integrales

$$\int\int\int\ldots x^{l-1}y^{m-1}z^{n-1}\ldots e^{-a(x+y+z+\ldots)}dx\,dy\,dz\ldots$$

$$\text{für } x+y+z+\ldots \leqq 1,$$

wobei nur positive Werthe von $x, y, z, \ldots$ vorausgesetzt werden.

Ist nur eine Variable x vorhanden, so folgt hieraus

$$\text{die reelle Partie von } \frac{2}{\pi}\int_0^\infty\frac{\sin\omega}{\omega}\cdot\frac{d\omega}{(a+\omega i)^l}$$

$$=\frac{1}{\Gamma(l)}\int_0^1 x^{l-1}e^{-ax}dx$$

und wenn man $l+m+n+\ldots$ für l setzt:

die reelle Partie von $\frac{2}{\pi}\int_0^\infty \frac{\sin\omega}{\omega}\cdot\frac{d\omega}{(a+\omega i)^{l+m+n+\cdots}}$

$$= \frac{1}{\Gamma(l+m+n+\ldots)}\int_0^1 x^{l+m+n+\ldots-1} e^{-ax}\,dx$$

und wenn man diess für das Vorhergehende benutzt, so wird

$$\left.\begin{array}{l} \iiint \ldots x^{l-1} y^{m-1} z^{n-1} \ldots e^{-a(x+y+z+\ldots)}\,dx\,dy\,dz\ldots \\ = \dfrac{\Gamma(l)\,\Gamma(m)\,\Gamma(n)\,\ldots}{\Gamma(l+m+n+\ldots)}\displaystyle\int_0^1 x^{l+m+n+\ldots-1} e^{-ax}\,dx \\ x+y+z+\ldots \leqq 1\,. \end{array}\right\} \quad (9)$$

Aus der Ableitung derselben scheint hervorzugehen, dass dieselbe für $a=0$ nur dann richtig bleibt, wenn l, m, n, etc. positive ächte Brüche sind; man kann sich aber leicht überzeugen, dass wenn überhaupt die Gleichung (9) für jedes positive a gilt, gleichviel auf welchem Wege man dieselbe abgeleitet haben mag, sie auch noch für $a=0$ ganz im Allgemeinen ein richtiges Resultat liefern muss. Lässt man nämlich in dem Integrale

$$\iiint \ldots x^{l-1} y^{m-1} \ldots \left\{1-e^{-a(x+y+\ldots)}\right\} dx\,dy\ldots$$

a bis zur Null abnehmen, so nähert sich, weil $x+y+z+\ldots$ die Einheit nicht übersteigt, auch $a(x+y+z+\ldots)$ und ebenso der Faktor

$$1-e^{-a(x+y+z+\ldots)}$$

der Gränze Null und mithin ist dann der Werth des obigen Integrales $=0$, woraus sehr leicht folgt, dass

$$\iiint \ldots x^{l-1} y^{m-1} \ldots dx\,dy\ldots$$

$$= Lim \iiint \ldots x^{l-1} y^{m-1} \ldots e^{-a(x+y+\ldots)}\,dx\,dy\ldots$$

ist, wobei sich das Zeichen *Lim* auf die unbegränzte Abnahme von a bezieht. Wir haben daher auch

$$\iiint x^{l-1}\, y^{m-1} \ldots dx\, dy \ldots$$

$$= \frac{\Gamma(l)\,\Gamma(m)\ldots}{\Gamma(l+m+\ldots)} \cdot \mathit{Lim} \int_0^1 x^{l+m+\ldots-1}\, e^{-a(x+y+\ldots)}\, dx$$

$$= \frac{\Gamma(l)\,\Gamma(m)\,\Gamma(n)\ldots\ldots}{\Gamma(1+l+m+n+\ldots)}$$

und hiermit kommen wir auf die schon im vorigen Paragraphen bewiesene Formel zurück; die Priorität ihrer Entwickelung gebührt indessen Lejeune Dirichlet.

§. 22.

Eine der elegantesten Anwendungen des so eben auseinandergesetzten Verfahrens, in welcher ebenfalls die Gammafunktionen eine nicht unwichtige Rolle spielen, ist die Reduktion des dreifachen Integrales

$$-\frac{1}{s-1} \iiint \frac{dx\, dy\, dz}{[(x-\alpha)^2+(y-\beta)^2+(z-\gamma)^2]^{\frac{1}{2}(s-1)}} = S \qquad (1)$$

worin sich die Integrationen auf alle diejenigen positiven oder negativen Werthe von x, y, z erstrecken sollen, welche der Bedingung

$$\left(\frac{x}{a}\right)^2 + \left(\frac{y}{b}\right)^2 + \left(\frac{z}{c}\right)^2 < 1 \qquad (2)$$

Genüge leisten. Dieses Integral ist deshalb von besonderem Interesse, weil ihm eine unmittelbare physikalische Bedeutung zukommt; es dient nämlich zur Berechnung der Anziehung, welche ein Ellipsoid mit den Achsen a, b, c auf einen irgendwo im Raume gegebenen materiellen Punkt ausübt, vorausgesetzt, dass die Anziehung nach der s^{ten} reziproken Potenz der Entfernung überhaupt wirkt *). Setzen wir zur Abkürzung

$$\sqrt{(x-\alpha)^2+(y-\beta)^2+(z-\gamma)^2}=r \tag{3}$$

---

*) In kurzen Worten ist die Ableitung hiervon folgende. Irgend ein Element des Ellipsoids, dessen Dichtigkeit Δ ist, hat $\Delta\, dx\, dy\, dz$ zur Masse, wobei x, y, z die Coordinaten des fraglichen Elementes sind. Ist r die Entfernung desselben von einem bestimmten Punkte, dessen Masse $=1$ sein möge, so zieht es denselben mit der Kraft $\frac{\Delta\, dx\, dy\, dz}{r^2}$ an und die Richtung dieser Kraft fällt mit der von r zusammen. Heissen λ, μ, ν die drei Winkel, welche die Richtung von r mit den drei Coordinatenachsen, wofür wir die Achsen des Ellipsoids nehmen, einschliesst, so sind

$$\frac{\Delta\, dx\, dy\, dz}{r^2}\cos\lambda,\quad \frac{\Delta\, dx\, dy\, dz}{r^2}\cos\mu,\quad \frac{\Delta\, dx\, dy\, dz}{r^2}\cos\nu$$

die längs der Coordinatenachsen wirkenden Componenten jener Elementaranziehung. Nennen wir ferner A, B, C die Componenten der Gesammtanziehung, welche das ganze Ellipsoid auf den gegebenen Punkt ausübt, und setzen wir die Dichtigkeit im ganzen Körper als gleich voraus, so ist

$$A=\Delta\iiint\frac{dx\, dy\, dz}{r^2}\cos\lambda,\quad B=\Delta\iiint\frac{dx\, dy\, dz}{r^2}\cos\mu,$$

$$C=\Delta\iiint\frac{dx\, dy\, dz}{r^2}\cos\nu$$

und hierin müssen die Integrationen so ausgeführt werden, dass man alle Elemente mitrechnet, die nicht ausserhalb des vom Ellipsoide umschlossenen Raumes liegen, deren Coordinaten also die Bedingung

$$\left(\frac{x}{a}\right)^2+\left(\frac{y}{b}\right)^2+\left(\frac{z}{c}\right)^2\leqq 1$$

befriedigen, wobei man statt $\leqq$ auch blos $<$ setzen kann. Sind nun weiter α, β, γ die Coordinaten des gegebenen vom Ellipsoide angezogenen Punktes, so finden die Gleichungen

$$r^2=(\alpha-x)^2+(\beta-y)^2+(\gamma-z)^2$$

$$\cos\lambda=\frac{\alpha-x}{r},\quad \cos\mu=\frac{\beta-y}{r},\quad \cos\nu=\frac{\gamma-z}{r}$$

statt, in denen wir blos auf die absoluten Werthe der Differenzen $\alpha-x$, $\beta-y$, $\gamma-z$

wobei das Wurzelzeichen immer positiv genommen werden möge und

$$\left(\frac{x}{a}\right)^2 + \left(\frac{y}{b}\right)^2 + \left(\frac{z}{c}\right)^2 = \sigma \qquad (4)$$

Rücksicht zu nehmen brauchen. Ferner ergiebt sich durch partielle Differenziation von r^2 nach α

$$r\,dr = (\alpha - x)\,d\alpha, \text{ oder } \frac{\alpha - x}{r} = \frac{dr}{d\alpha} = \cos\lambda$$

und mithin nach dem Vorigen

$$A = \Delta \iiint \frac{dx\,dy\,dz}{r^s} \cdot \frac{dr}{d\alpha}$$

und wenn man die Gleichung

$$-\frac{1}{s-1} \cdot \frac{d\left(\frac{1}{r^{s-1}}\right)}{d\alpha} = \frac{1}{r^s} \cdot \frac{dr}{d\alpha}$$

berücksichtigt

$$A = -\frac{\Delta}{s-1} \iiint \frac{d\left(\frac{1}{r^{s-1}}\right)}{d\alpha}\,dx\,dy\,dz\,.$$

Da aber die Integrationen nach x, y, z und die Differenziation nach der arbiträren Constanten α von einander unabhängig sind, so kann man auch umgekehrt erst integriren und dann differenziren, also

$$A = \frac{d}{d\alpha}\left\{-\frac{\Delta}{s-1} \iiint \frac{dx\,dy\,dz}{r^{s-1}}\right\}$$

setzen und wenn man einfacher $\Delta = 1$,

$$-\frac{1}{s-1} \iiint \frac{dx\,dy\,dz}{r^{s-1}} = S\,,$$

nimmt, so hat man

$$A = \frac{dS}{d\alpha}, \quad B = \frac{dS}{d\beta}, \quad C = \frac{dS}{d\gamma}$$

Die Grösse S fällt mit dem in (1) aufgestellten Integrale zusammen und ist das, was Gauss in seiner Abhandlung: „*Allgemeine Lehrsätze über die im verkehrten Verhältnisse des Quadrats der Entfernung wirkenden Anziehungs- oder Abstossungskräfte, Leipzig* 1840,“ das Potenzial der Anziehung resp. Abstossung genannt hat.

so erhellt, dass das in Rede stehende Integral mit dem folgenden

$$-\frac{2}{\pi}\frac{1}{s-1}\int_{-\infty}^{\infty}\int_{-\infty}^{\infty}\int_{-\infty}^{\infty}\frac{dx\,dy\,dz}{r^{s-1}}\int_0^{\infty}\frac{\sin\omega}{\omega}\cos\sigma\omega\,d\omega$$

zusammenfällt, weil der hinzugesetzte Faktor alle diejenigen Elemente des Integrales ausscheidet, welche der Bedingung $\sigma \leqq 1$ nicht genügen. Statt des vorstehenden Integrales betrachten wir noch bequemer das folgende

$$S_1 = -\frac{2}{\pi}\frac{1}{s-1}\int_{-\infty}^{\infty}\int_{-\infty}^{\infty}\int_{-\infty}^{\infty}\frac{dx\,dy\,dz}{r^{s-1}}\int_0^{\infty}\frac{\sin\omega}{\omega}e^{\sigma\omega i}\,d\omega \tag{5}$$

von welchem jenes, also auch S, den reellen Bestandtheil bildet. Durch Umkehrung der Integrationsordnung wird nun

$$S_1 = -\frac{2}{\pi}\frac{1}{s-1}\int_0^{\infty}\frac{\sin\omega}{\omega}\,d\omega\int_{-\infty}^{\infty}\int_{-\infty}^{\infty}\int_{-\infty}^{\infty}\frac{dx\,dy\,dz}{r^{s-1}}e^{\sigma\omega i} \tag{6}$$

aber auch hier kann man die Integrationen nach x, y, z nicht sogleich ausführen, weil sich der Ausdruck

$$\frac{dx\,dy\,dz}{r^{s-1}}e^{\sigma\omega i}$$

$$= \frac{dx\,dy\,dz}{[(x-\alpha)^2+(y-\beta)^2+(z-\gamma)^2]^{\frac{1}{2}(s-1)}}e^{\left[\left(\frac{x}{a}\right)^2+\left(\frac{y}{b}\right)^2+\left(\frac{z}{c}\right)^2\right]\omega i}$$

nicht in drei Faktoren zerlegen lässt, von welchen der eine nur x, der andere nur y und der dritte nur z enthielte. Da nun aber Alles auf die wirkliche Ausführung der gedachten Operation ankommt, so wollen wir jenes dreifache Integral vorerst für sich betrachten und die Gleichung (6) kürzer in der Form:

$$S_1 = -\frac{2}{\pi}\frac{1}{s-1}\int_0^\infty \frac{\sin\omega}{\omega}\,d\omega\; S_2 \tag{7}$$

darstellen, wobei zur Abkürzung

$$S_2 = -\int_{-\infty}^{\infty}\int_{-\infty}^{\infty}\int_{-\infty}^{\infty}\frac{dx\,dy\,dz}{r^{s-1}}\,e^{\sigma\omega i} \tag{8}$$

gesetzt worden ist. Hier bedarf es nur einer sehr einfachen Substitution, um sogleich die Integration zu ermöglichen, man muss nämlich $\frac{1}{r^{s-1}}$ selbst in ein bestimmtes Integral verwandeln, was auf folgende Weise geschieht. Lassen wir in der bekannten Formel

$$\int_0^\infty x^{\mu-1}e^{bxi}\,dx = \frac{\Gamma(\mu)}{b^\mu}e^{\frac{\mu\pi}{2}i},\ 1>\mu>0$$

an die Stelle von x, b, μ die Grössen: ϑ, r^2, $\frac{s-1}{2}$ treten, so folgt

$$\frac{\Gamma\left(\frac{s-1}{2}\right)}{r^{s-1}}e^{(s-1)\frac{\pi}{4}i} = \int_0^\infty \vartheta^{\frac{s-3}{2}}e^{r^2\vartheta i}\,d\vartheta,\quad 1>\frac{s-1}{2}>0$$

oder

$$\frac{1}{r^{s-1}} = \frac{1}{\Gamma\left(\frac{s-1}{2}\right)}e^{(1-s)\frac{\pi}{4}i}\int_0^\infty \vartheta^{\frac{s-3}{2}}e^{r^2\vartheta i}\,d\vartheta,\quad 3>s>2$$

und mithin ist unter der Voraussetzung, dass s zwischen 2 und 3 liegt,

$$S_2 = \frac{e^{(1-s)\frac{\pi}{4}i}}{\Gamma\left(\frac{s-1}{2}\right)}\int_{-\infty}^{\infty}\int_{-\infty}^{\infty}\int_{-\infty}^{\infty}dx\,dy\,dz\,e^{\sigma\omega i}\int_0^\infty \vartheta^{\frac{s-3}{2}}e^{r^2\vartheta i}\,d\vartheta$$

oder wenn man die Integration nach ϑ bis zuletzt aufspart

$$S_2 = \frac{e^{(1-s)\frac{\pi}{4}i}}{\Gamma\left(\frac{s-1}{2}\right)} \int_0^\infty \vartheta^{\frac{s-3}{2}} d\vartheta \int_{-\infty}^\infty \int_{-\infty}^\infty \int_{-\infty}^\infty dx\, dy\, dz\, e^{\sigma\omega i} e^{r^2 \vartheta i}. \quad (9)$$

Zieht man das Produkt der beiden Exponenzialgrössen in eine einzige zusammen und substituirt für σ und r^2 ihre Werthe, so hat die neue Exponenzialgrösse den Exponenten

$$\sigma\omega i + r^2\vartheta i = (\alpha^2 + \beta^2 + \gamma^2)\vartheta i$$
$$+ \left[\left(\frac{\omega}{a^2} + \vartheta\right)x^2 - 2\alpha\vartheta x\right]i + \left[\left(\frac{\omega}{b^2} + \vartheta\right)y^2 - 2\beta\vartheta y\right]i$$
$$+ \left[\left(\frac{\omega}{c^2} + \vartheta\right)z^2 - 2\gamma\vartheta z\right]i$$

und folglich zerfällt diese Exponenzialgrösse in 4 andere als Faktoren, von denen die erste einen constanten Exponenten, die zweite einen blos von x, die dritte einen blos von y und die vierte einen nur von z abhängigen Exponenten besitzt. Da nun hierdurch eine Sonderung der Variablen bewerkstelligt worden ist, so verwandelt sich das dreifache Integral

$$\int_{-\infty}^\infty \int_{-\infty}^\infty \int_{-\infty}^\infty dx\, dy\, dz\, e^{(\sigma\omega + r^2\vartheta)i} \quad (10)$$

in das Produkt folgender vier Faktoren:

$$\left.\begin{array}{l} e^{(\alpha^2+\beta^2+\gamma^2)\vartheta i} \\ \int_{-\infty}^\infty dx\, e^{\left[\left(\frac{\omega}{a^2} + \vartheta\right)x^2 - 2\alpha\vartheta x\right]i} \\ \int_{-\infty}^\infty dy\, e^{\left[\left(\frac{\omega}{b^2} + \vartheta\right)y^2 - 2\beta\vartheta y\right]i} \\ \int_{-\infty}^\infty dz\, e^{\left[\left(\frac{\omega}{c^2} + \vartheta\right)z^2 - 2\gamma\vartheta z\right]i} \end{array}\right\} \quad (11)$$

wobei sich sämmtliche Integrationen ausführen lassen, wenn man die Formel (17) in §. 13 nämlich

$$\int_{-\infty}^{\infty} du\, e^{[hu^2 - 2ku]i} = \sqrt{\frac{\pi}{h}}\, e^{\left(\frac{\pi}{4} - \frac{k^2}{h}\right)i}$$

in Anwendung bringt, indem man der Reihe nach $u = x, y, z$

$$h = \frac{\omega}{a^2} + \vartheta, \quad \frac{\omega}{b^2} + \vartheta, \quad \frac{\omega}{c^2} + \vartheta,$$

$$k = \quad \alpha\vartheta, \qquad \beta\vartheta, \qquad \gamma\vartheta$$

setzt. Hat man so die Werthe der 3 Integrale in (11) bestimmt und multiplizirt dann die vier unter (11) verzeichneten Faktoren, deren Produkt dem Integrale in (10) gleichgilt, so findet man nach einer kleinen Reduktion

$$\int_{-\infty}^{\infty}\int_{-\infty}^{\infty}\int_{-\infty}^{\infty} dx\, dy\, dz\, e^{(\sigma\omega + r^2\vartheta)i}$$

$$= \frac{\pi^{\frac{3}{2}}}{\sqrt{\left(\frac{\omega}{a^2} + \vartheta\right)\left(\frac{\omega}{b^2} + \vartheta\right)\left(\frac{\omega}{c^2} + \vartheta\right)}}\, e^{\frac{3}{4}\pi i + \Theta\omega i}$$

wobei zur Abkürzung

$$\Theta = \frac{\alpha^2\vartheta}{\omega + a^2\vartheta} + \frac{\beta^2\vartheta}{\omega + b^2\vartheta} + \frac{\gamma^2\vartheta}{\omega + c^2\vartheta} \tag{12}$$

gesetzt worden ist. Die Formel (9) gestaltet sich nun wie folgt

$$S_2 = \frac{\pi^{\frac{3}{2}}}{\Gamma\left(\frac{s-1}{2}\right)}\, e^{\left(1-\frac{s}{4}\right)\pi i} \int_0^{\infty} \frac{\vartheta^{\frac{s-3}{2}}\, d\vartheta\, e^{\Theta\omega i}}{\sqrt{\left(\frac{\omega}{a^2} + \vartheta\right)\left(\frac{\omega}{b^2} + \vartheta\right)\left(\frac{\omega}{c^2} + \vartheta\right)}}$$

wobei man statt $e^{\pi i}$ kürzer -1 schreibt. Substituiren wir das gefundene Resultat mit der Rücksicht, dass:

$$\frac{s-1}{2}\,\Gamma\left(\frac{s-1}{2}\right)=\Gamma\left(\frac{s+1}{2}\right)$$

ist, in die Gleichung (7) so wird

$$S_1=\frac{\sqrt{\pi}\,e^{-\frac{s\pi}{4}i}}{\Gamma\left(\frac{s+1}{2}\right)}\int_0^\infty\frac{\sin\omega}{\omega}\,d\omega\int_0^\infty\frac{\vartheta^{\frac{s-3}{2}}\,d\vartheta\,e^{\Theta\omega i}}{\sqrt{\left(\frac{\omega}{a^2}+\vartheta\right)\left(\frac{\omega}{b^2}+\vartheta\right)\left(\frac{\omega}{c^2}+\vartheta\right)}}.$$

Von den zwei Integrationen, welche hier verlangt werden, lässt sich nun wieder eine auf folgende Weise ausführen. Man setze $\vartheta=\frac{\omega}{\tau}$, wo τ eine neue Variable bezeichnet, so wird

$$\vartheta^{\frac{s-3}{2}}\,d\vartheta=-\,\omega^{\frac{s-1}{2}}\frac{d\tau}{\tau^{\frac{s+1}{2}}}$$

ferner

$$\frac{1}{\sqrt{\left(\frac{\omega}{a^2}+\vartheta\right)\left(\frac{\omega}{b^2}+\vartheta\right)\left(\frac{\omega}{c^2}+\vartheta\right)}}$$

$$=\frac{1}{\omega^{\frac{3}{2}}}\cdot\frac{1}{\sqrt{\left(\frac{1}{a^2}+\frac{1}{\tau}\right)\cdot\left(\frac{1}{b^2}+\frac{1}{\tau}\right)\left(\frac{1}{c^2}+\frac{1}{\tau}\right)}}$$

$$=\frac{1}{\omega^{\frac{3}{2}}}\cdot\frac{\tau^{\frac{3}{2}}}{\sqrt{\left(1+\frac{\tau}{a^2}\right)\left(1+\frac{\tau}{b^2}\right)\left(1+\frac{\tau}{c^2}\right)}}$$

ausserdem geht Θ über in

$$\frac{\alpha^2}{a^2+\tau}+\frac{\beta^2}{b^2+\tau}+\frac{\gamma^2}{c^2+\tau}=T \qquad (13)$$

wobei T zur Abkürzung dient. Den Integrationsgränzen endlich $\vartheta=0$ und $\vartheta=\infty$ entsprechen jetzt $\tau=\infty$ und $\tau=0$, die man aber vertauschen darf, wenn man dem Integrale das entgegengesetzte Zeichen giebt, wodurch es wieder positiv wird. Diese Substitutionen geben nun zusammen:

$$S_1 = \frac{\sqrt{\pi}\, e^{-\frac{s\pi}{4}i}}{\Gamma\left(\frac{s+1}{2}\right)} \int_0^\infty \frac{\sin \omega}{\omega} d\omega \,.\, \frac{\omega^{\frac{s-1}{2}}}{\omega^{\frac{1}{2}}} \int_0^\infty \frac{\tau^{1-\frac{s}{2}} d\tau\, e^{T\omega i}}{\sqrt{\left(1+\frac{\tau}{a^2}\right)\left(1+\frac{\tau}{b^2}\right)\left(1+\frac{\tau}{c^2}\right)}}$$

durch Umkehrung der Integrationsordnung wird hieraus:

$$\left.\begin{array}{l} S_1 = \dfrac{\sqrt{\pi}\, e^{-\frac{s\pi}{4}i}}{\Gamma\left(\frac{s+1}{2}\right)} \displaystyle\int_0^\infty \frac{\tau^{1-\frac{s}{2}} d\tau}{\sqrt{\left(1+\frac{\tau}{a^2}\right)\left(1+\frac{\tau}{b^2}\right)\left(1+\frac{\tau}{c^2}\right)}} \\ \qquad\qquad\qquad \displaystyle\int_0^\infty \omega^{\frac{s}{2}-3} \sin \omega\, e^{T\omega i} d\omega \end{array}\right\} \quad (14)$$

und weil hier T in Bezug auf ω constant ist, so erhellt sogleich, dass sich hier die Integration nach ω ausführen lassen muss. Da es uns aber nur um den reellen Bestandtheil dieses Integrales zu thun ist, so stellen wir $e^{-\frac{s\pi}{4}i}$ unter das Integralzeichen und zerlegen

$$e^{\left(T\omega - \frac{s\pi}{4}\right)i} \text{ in } \cos\left(T\omega - \frac{s\pi}{4}\right) + i \sin\left(T\omega - \frac{s\pi}{4}\right).$$

Wir haben dann nach dem Früheren

$$\left.\begin{array}{l} S = \dfrac{\sqrt{\pi}}{\Gamma\left(\frac{s+1}{2}\right)} \displaystyle\int_0^\infty \frac{\tau^{1-\frac{s}{2}} d\tau}{\sqrt{\left(1+\frac{\tau}{a^2}\right)\left(1+\frac{\tau}{b^2}\right)\left(1+\frac{\tau}{c^2}\right)}} \\ \qquad\qquad\qquad \displaystyle\int_0^\infty \frac{\sin \omega}{\omega^{3-\frac{s}{2}}} \cos\left(T\omega - \frac{s\pi}{4}\right) d\omega\,. \end{array}\right\} \quad (15)$$

Was nun das Integral nach ω anbelangt, so zerfällt dasselbe in die folgenden:

$$\cos\frac{s\pi}{4}\int_0^\infty \frac{\sin\omega}{\omega^\lambda}\cos T\omega\, d\omega + \sin\frac{s\pi}{4}\int_0^\infty \frac{\sin\omega}{\omega^\lambda}\sin T\omega\, d\omega \tag{16}$$

wobei zur Abkürzung λ statt $3-\frac{s}{2}$ geschrieben worden ist; ferner hat man wieder für $T<1$

$$\int_0^\infty \frac{\sin\omega}{\omega^\lambda}\cos T\omega\, d\omega = \frac{1}{2}\int_0^\infty \frac{\sin(1-T)\,\omega}{\omega^\lambda}\, d\omega$$

$$+\frac{1}{2}\int_0^\infty \frac{\sin(1-T)\,\omega}{\omega^\lambda}\, d\omega$$

d. i. unter Anwendung bekannter Formel

$$\int_0^\infty \frac{\sin\omega}{\omega^\lambda}\cos T\omega\, d\omega = \frac{\pi}{4\Gamma(\lambda)\sin\frac{1}{2}\lambda\pi}\left\{(1-T)^{\lambda-1} + (1+T)^{\lambda-1}\right\}$$

dagegen für $T>1$

$$\int_0^\infty \frac{\sin\omega}{\omega^\lambda}\cos T\omega\, d\omega = -\frac{1}{2}\int_0^\infty \frac{\sin(T-1)\,\omega}{\omega^\lambda}\, d\omega$$

$$+\frac{1}{2}\int_0^\infty \frac{\sin(T+1)\,\omega}{\omega^\lambda}\, d\omega$$

$$= \frac{\pi}{4\Gamma(\lambda)\sin\frac{1}{2}\lambda\pi}\left\{-(T-1)^{\lambda-1} + (T+1)^{\lambda-1}\right\}$$

ferner für $T<1$:

$$\int_0^\infty \frac{\sin\omega}{\omega^\lambda} \sin T\omega\, d\omega$$

$$= \frac{1}{2}\int_0^\infty \frac{\cos(1-T)\omega}{\omega^\lambda} d\omega - \frac{1}{2}\int_0^\infty \frac{\cos(1+T)\omega}{\omega^\lambda} d\omega$$

$$= \frac{\pi}{4\Gamma(\lambda)\cos\frac{1}{2}\lambda\pi}\left\{(1-T)^{\lambda-1} - (1+T)^{\lambda-1}\right\}$$

und für $T > 1$

$$\int_0^\infty \frac{\sin\omega}{\omega^\lambda} \sin T\omega\, d\omega$$

$$= \frac{1}{2}\int_0^\infty \frac{\cos(T-1)\omega}{\omega^\lambda} d\omega - \frac{1}{2}\int_0^\infty \frac{\cos(T+1)\omega}{\omega^\lambda} d\omega$$

$$= \frac{\pi}{4\Gamma(\lambda)\cos\frac{1}{2}\lambda\pi}\left\{(T-1)^{\lambda-1} - (T+1)^{\lambda-1}\right\}.$$

Substituirt man diess in Nr. (16) so findet man, dass die dortige Summe für $T < 1$ gleich

$$\frac{\pi}{4\Gamma(\lambda)}\left\{\frac{\cos\frac{s\pi}{4}}{\sin\frac{\lambda\pi}{2}} + \frac{\sin\frac{s\pi}{4}}{\cos\frac{\lambda\pi}{2}}\right\}(1-T)^{\lambda-1}$$

$$+ \frac{\pi}{4\Gamma(\lambda)}\left\{\frac{\cos\frac{s\pi}{4}}{\sin\frac{\lambda\pi}{4}} - \frac{\sin\frac{s\pi}{4}}{\cos\frac{\lambda\pi}{2}}\right\}(1+T)^{\lambda-1}$$

und für $T > 1$ gleich:

$$\frac{\pi}{4\Gamma(\lambda)}\left\{-\frac{\cos\frac{s\pi}{4}}{\sin\frac{\lambda\pi}{2}}+\frac{\sin\frac{s\pi}{4}}{\cos\frac{\lambda\pi}{2}}\right\}(T-1)^{\lambda-1}$$

$$+\frac{\pi}{4\Gamma(\lambda)}\left\{\frac{\cos\frac{s\pi}{4}}{\sin\frac{\lambda\pi}{2}}-\frac{\sin\frac{s\pi}{4}}{\cos\frac{\lambda\pi}{2}}\right\}(T+1)^{\lambda-1}.$$

Hieraus findet man sehr leicht mittelst des Werthes $\lambda = 3 - \frac{s}{2}$, dass diese Summe

$$= -\frac{\pi}{2\Gamma(3-\frac{s}{2})}(1-T)^{2-\frac{s}{2}} \quad \text{oder} \quad = 0$$

ist, je nachdem T unter oder über der Einheit liegt, was wir so zusammenfassen wollen, dass wir

$$-\frac{\pi}{2\Gamma(3-\frac{s}{2})}\Phi(T) \tag{17}$$

für jene Summe schreiben, wobei

$$\begin{aligned} &\text{für } T<1, \quad \Phi(T) = (1-T)^{2-\frac{s}{2}} \\ &\text{,,} \quad T>1, \quad \Phi(T) = 0 \end{aligned}$$

ist. Bemerken wir nun, dass der Ausdruck in (17) der Werth des nach ω genommenen Integrales in Nr. (15) ist, und setzen wir zur Abkürzung

$$\frac{\tau^{1-\frac{s}{2}}}{\sqrt{\left(1+\frac{\tau}{a^2}\right)\left(1+\frac{\tau}{b^2}\right)\left(1+\frac{\tau}{c^2}\right)}} = F(\tau)$$

so folgt jetzt:

$$S = -\frac{\pi^{\frac{s}{2}}}{2\Gamma\left(\frac{s+1}{2}\right)\,\Gamma\left(3-\frac{s}{2}\right)}\int_0^\infty F(\tau)\,d\tau\,\Phi(T) \tag{18}$$

wo es sich nun noch um die Entscheidung von $T < 1$ oder $T > 1$ handelt. Diese kann sehr leicht auf folgende Weise gegeben werden. Der Ausdruck

$$T = \frac{\alpha^2}{a^2+\tau} + \frac{\beta^2}{b^2+\tau} + \frac{\gamma^2}{c^2+\tau}$$

in welchem τ von 0 bis ∞ gehen muss, bleibt ganz sicher < 1, wenn schon für $\tau = 0$

$$\left(\frac{\alpha}{a}\right)^2 + \left(\frac{\beta}{b}\right)^2 + \left(\frac{\gamma}{c}\right)^2 < 1 \tag{19}$$

ist, und man hat dann

$$S = -\frac{\pi^{\frac{s}{2}}}{2\Gamma\left(\frac{s+1}{2}\right)\,\Gamma\left(3-\frac{s}{2}\right)}\int_0^\infty F(\tau)\,d\tau\,(1-T)^{2-\frac{s}{2}}. \tag{20}$$

Wäre dagegen

$$\left(\frac{\alpha}{a}\right)^2 + \left(\frac{\beta}{b}\right)^2 + \left(\frac{\gamma}{c}\right)^2 > 1 \tag{21}$$

so ist für sehr kleine τ auch noch $T > 1$; wenn aber τ unbegränzt wächst, so nimmt T continuirlich bis zur Gränze Null ab und folglich muss es einen aber auch nur einen Werth von τ geben, für welchen $T = 1$ wird; heisst τ_1 derselbe, so ist er nichts Anderes als die einzige positive reelle Wurzel der Gleichung:

$$\frac{\alpha^2}{a^2+\tau} + \frac{\beta^2}{b^2+\tau} + \frac{\gamma^2}{c^2+\tau} = 1 \tag{22}$$

und zugleich wird für $\tau < \tau_1$, $T > 1$ und $\tau > \tau_1$, $T < 1$. Zerlegen wir nun das Integral:

$$\int_0^\infty F(\tau)\,d\tau\;\Phi(T)$$

in die beiden folgenden

$$\int_0^{\tau_1} F(\tau)\,d\tau\;\Phi(T) + \int_{\tau_1}^\infty F(\tau)\,d\tau\;\Phi(T)$$

so ist im ersten Integrale $\tau < \tau_1$, mithin $T > 1$ und $\Phi(T) = 0$, wodurch sich das ganze Integral annullirt. Es bleibt daher blos das zweite Integral übrig, worin $\tau > \tau_1$, $T < 1$ und folglich für $\Phi(T)$ der früher angegebene Werth zu setzen ist. In diesem Falle haben wir

$$S = -\frac{\pi^{\frac{3}{2}}}{2\Gamma\left(\frac{s+1}{2}\right)\Gamma\left(3-\frac{s}{2}\right)}\int_{\tau_1}^\infty F(\tau)\,d\tau\,(1-T)^{2-\frac{s}{2}}.$$

Beide Werthe von S lassen sich, wenn man noch für $F(\tau)$ seinen Werth setzt, in der folgenden Formel zusammenfassen:

$$\left.\begin{aligned} S = &-\frac{\pi^{\frac{3}{2}}}{2\Gamma\left(\frac{s+1}{2}\right)\Gamma\left(3-\frac{s}{2}\right)} \\ &\times \int_t^\infty \frac{\tau^{1-\frac{s}{2}}\,d\tau}{\sqrt{\left(1+\frac{\tau}{a^2}\right)\left(1+\frac{\tau}{b^2}\right)\left(1+\frac{\tau}{c^2}\right)}}\,(1-T)^{2-\frac{s}{2}} \end{aligned}\right\} \quad (23)$$

worin für die untere Gränze t entweder 0 oder die reelle positive Wurzel der Gleichung

$$\frac{\alpha^2}{a^2+\tau} + \frac{\beta^2}{b^2+\tau} + \frac{\gamma^2}{c^2+\tau} = 1$$

zu setzen ist, je nachdem die Summe

$$\left(\frac{\alpha}{a}\right)^2 + \left(\frac{\beta}{b}\right)^2 + \left(\frac{\gamma}{c}\right)^2$$

unter oder über der Einheit liegt.

Vermöge des ursprünglichen Werthes von S und der Formel

$$\Gamma\left(\frac{s+1}{2}\right) = \frac{s-1}{2}\,\Gamma\left(\frac{s-1}{2}\right)$$

können wir nun auch die Gleichung aufstellen:

$$\left.\begin{aligned} &\iiint \frac{dx\,dy\,dz}{\sqrt{(x-\alpha)^2+(y-\beta)^2+(z-\gamma)^2}^{(s-1)}} \\ &= \frac{\pi^{\frac{3}{2}}}{\Gamma\left(\frac{s-1}{2}\right)\Gamma\left(3-\frac{s}{2}\right)} \int_t^\infty \frac{\tau^{1-\frac{s}{2}}\,d\tau}{\sqrt{\left(1+\frac{\tau}{a^2}\right)\left(1+\frac{\tau}{b^2}\right)\left(1+\frac{\tau}{c^2}\right)}} (1-T)^{2-\frac{s}{2}} \end{aligned}\right\} \quad (24)$$

worin t die nämliche Bedeutung hat wie oben und sich die Integrationen der linken Seite auf alle positiven und negativen Werthe von x, y, z erstrecken, welche der Ungleichung

$$\left(\frac{x}{a}\right)^2 + \left(\frac{y}{b}\right)^2 + \left(\frac{z}{c}\right)^2 < 1$$

Genüge leisten *).

---

*) Es ist jetzt auch sehr leicht, die in der vorigen Note betrachteten Componenten A, B, C zu bestimmen. Die erste findet man durch Differenziation der Gleichung (23) nach α, wobei zu bemerken ist, dass α nur in T vorkommt und vermöge des Werthes von T

$$\frac{d(1-T)^{2-\frac{s}{2}}}{d\alpha} = -\frac{2\alpha\left(2-\frac{s}{2}\right)}{a^2}\,\frac{1}{1+\frac{\tau}{a^2}}\,(1-T)^{1-\frac{s}{2}}$$

wird, was sich leicht substituiren lässt.

Cap. V.

Reihen, welche mit Hülfe der Gammafunktionen summirt werden können.

§. 23.

Von besonderer Wichtigkeit wird uns die schon oft gebrauchte Formel

$$\int_0^1 x^{p-1}(1-x)^{q-1}\,dx = \frac{\Gamma(p)\,\Gamma(q)}{\Gamma(p+q)} \tag{1}$$

noch dadurch, dass sich von ihr ein vielfacher Gebrauch zur Summirung verschiedener Reihen machen lässt; so kann man z. B. mit ihrer Hülfe leicht zeigen, wie man die Summe der Reihe

$$\frac{A_0}{a(a+1)(a+2)\ldots(a+p-1)} + \frac{A_1 u}{(a+\beta)(a+\beta+1)\ldots(a+\beta+p-1)}$$
$$+ \frac{A_2 u^2}{(a+2\beta)(a+2\beta+1)\ldots(a+2\beta+p-1)} + \ldots\ldots$$

findet, wenn die der einfacheren

$$A_0 + A_1 u + A_2 u^2 + A_3 u^3 + \ldots.$$

bekannt ist. Da diese Reduktion eine reiche Quelle von Reihensummirungen bildet, so möge eine genauere Exposition derselben folgen.

Vertauscht man in der Formel (1) p und q gegen einander, so ist auch

$$\int_0^1 x^{q-1}(1-x)^{p-1}\,dx = \frac{\Gamma(q)\,\Gamma(p)}{\Gamma(q+p)}$$

und wenn p als ganze positive Zahl vorausgesetzt wird

$$\int_0^1 x^{q-1}(1-x)^{p-1}\,dx = \frac{1\,.\,2\,\ldots\,(p-1)}{q(q+1)(q+2)\ldots(q+p-1)}$$

und wenn wir das beliebige $q = \alpha + n\beta$ setzen und $1 . 2 \ldots (p-1)$ zur Abkürzung mit $(p-1)'$ bezeichnen

$$\frac{1}{(p-1)'} \int_0^1 x^{\alpha+n\beta-1} (1-x)^{p-1}\, dx$$
$$= \frac{1}{(\alpha+n\beta)(\alpha+n\beta+1) \ldots (\alpha+n\beta+p-1)}$$

und durch Multiplikation mit $A_n u^n$

$$\frac{1}{(p-1)'} \int_0^1 x^{\alpha-1} (1-x)^{p-1}\, dx\; A_n (u x^\beta)^n$$
$$= \frac{A_n u^n}{(\alpha+n\beta)(\alpha+n\beta+1) \ldots (\alpha+n\beta+p-1)}.$$

Setzen wir in dieser Gleichung $n = 0, 1, 2, 3, \ldots$ und addiren alle so entstehenden Glieder, so ergiebt sich

$$\frac{1}{(p-1)'} \int_0^1 x^{\alpha-1} (1-x)^{p-1}\, dx \left\{A_0 + A_1 u x^\beta + A_2 (u x^\beta)^2 + \ldots\right\}$$
$$= \frac{A_0}{\alpha(\alpha+1) \ldots (\alpha+p-1)} + \frac{A_1 u^1}{(\alpha+\beta)(\alpha+\beta+1) \ldots (\alpha+\beta+p-1)}$$
$$+ \frac{A_2 u^2}{(\alpha+2\beta)(\alpha+2\beta+1) \ldots (\alpha+2\beta+p-1)} + \ldots \qquad (2)$$

Ist nun die Summe der Reihe

$$A_0 + A_1 u + A_2 u^2 + A_3 u^3 + \ldots \qquad (3)$$

bekannt und heisst $F(u)$ dieselbe, so lässt sich auch die unter dem Integralzeichen vorkommende Reihe summiren, vorausgesetzt nämlich, dass β eine positive Grösse ist. Denn wenn die Reihe in (3) überhaupt eine Summe haben soll, so muss sie convergiren, und wenn β positiv ist, so wird $x^\beta < x$ d. i. < 1 folglich $u x^\beta < u$, und mithin convergirt dann auch die fragliche Reihe auf der linken Seite und hat $F(u x^\beta)$ zur Summe. Diess giebt den Satz: wenn

$$F(u) = A_0 + A_1 u + A_2 u^2 + \ldots \qquad (4)$$

ist, so findet unter denselben Bedingungen, unter welchen diese Gleichung besteht, die Relation

$$\frac{1}{(p-1)'}\int_0^1 x^{\alpha-1}(1-x)^{p-1}F(ux^\beta)\,dx$$

$$=\frac{A_0}{\alpha(\alpha+1)\dots(\alpha+p-1)}+\frac{A_1 u}{(\alpha+\beta)(\alpha+\beta+1)\dots(\alpha+\beta+p-1)}$$

$$+\frac{A_2 u^2}{(\alpha+2\beta)(\alpha+2\beta+1)\dots(\alpha+2\beta+p-1)}+\dots \quad (5)$$

statt, sobald β eine positive Grösse bezeichnet.

Die noch übrige Integration auf der linken Seite kann man in vielen Fällen dadurch bewerkstelligen, dass $(1-x)^{p-1}$, worin $p-1$ eine positive ganze Zahl ist, in eine nach steigenden Potenzen von x fortgehende Reihe verwandelt, wodurch das fragliche Integral in p andere Integrale von der Form

$$\int_0^1 x^{\alpha+m-1}F(ux^\beta)\,dx$$

zerfällt; dieses letztere reduzirt sich mittelst der Substitution $x^\beta = z$ auf das einfachere

$$\int_0^1 z^{\mu-1}F(uz)\,dz$$

worin μ zur Abkürzung für $\frac{\alpha+m}{\beta}$ dient. Kann man nun den Werth des vorstehenden Integrales finden, so gelangt man bei diesem Verfahren zu völlig entwickelten Formeln.

Ein bemerkenswerthes Beispiel hierzu bildet die Annahme $A_0=1$, $A_1=\gamma_1$, $A_2=\gamma_2$ etc. wo γ_1, γ_2 etc. die Binomialkoeffizienten des Exponenten γ bedeuten mögen; es ist dann $F(u)=(1+u)^\gamma$ und mithin:

$$\frac{1}{(p-1)^3}\int_0^1 x^{\alpha-1}(1-x)^{p-1}(1+ux^\beta)^\gamma\,dx$$

$$=\frac{1}{\alpha(\alpha+1)\ldots(\alpha+p-1)}+\frac{\gamma_1 u}{(\alpha+\beta)(\alpha+\beta+1)\ldots(\alpha+\beta+p-1)}$$

$$+\frac{\gamma_2 u^2}{(\alpha+2\beta)(\alpha+2\beta+1)\ldots(\alpha+2\beta+p-1)}+\ldots. \qquad (6)$$

wozu nun noch die Bedingung $1>u>-1$ zu fügen ist, weil die Reihe $1+\gamma_1 u+\gamma_2 u^2+\ldots$, von der wir ausgingen, nur für solche u im Allgemeinen convergirt. Wendet man die vorhin beschriebene Reduktionsmethode hier an, so zerfällt das Integral links in eine Reihe anderer unter der gemeinschaftlichen Form

$$\int_0^1 z^{\mu-1}(1+uz)^\gamma\,dz$$

stehender, deren weitere Behandlung mittelst bekannter Reduktionsformeln sehr leicht ist. So findet man z. B. für $\alpha=\beta=1$, $\gamma=-1$, $p=3$

$$\frac{(1+u)^2}{2u^3}l(1+u)-\frac{1}{2u^2}-\frac{3}{4u}$$

$$=\frac{1}{1.2.3}-\frac{u}{2.3.4}+\frac{u^2}{3.4.5}-\frac{u^3}{4.5.6}+\ldots.$$

$$1>u>-1$$

und hieraus liessen sich dadurch wieder zwei neue Reihen ableiten, dass man

$$u=v(\cos\omega+\sqrt{-1}\sin\omega),\quad 1>v>-1$$

setzte und die reellen Partieen beider Seiten der Gleichung identifizirte.

Es verdient noch bemerkt zu werden, dass die Gleichung (6) auch noch für $u=\pm 1$ gilt, wenn $p+\gamma$ eine positive Grösse ist; man erkennt diess, ganz abgesehen von der Herleitung der genannten Formel, leicht aus dem folgenden Satze: wenn die beiden beliebigen Funktionen $\Phi(u)$ und $\Psi(u)$ für jeden Werth von $u<u_1$ identisch

sind und sowohl $\Phi(u)$ als $\Psi(u)$ für $u = u_1$ noch stetig und endlich bleibt, so ist nothwendig auch $\Phi(u_1) = \Psi(u_1)$. Denn sollte diess nicht der Fall sein, so können nur zwei Möglichkeiten vorkommen: entweder nämlich besteht die Gleichung $\Phi(u) = \Psi(u)$ zwar bis zur Stelle $u = u_1$ und verliert hier plötzlich ihre Gültigkeit, oder es hat schon vorher einen Werth $u' < u_1$ gegeben, bei welchem die Identität von $\Phi(u)$ und $\Psi(u)$ aufhörte. Der erste Fall würde voraussetzen, dass eine der betrachteten Funktionen sich für $u = u_1$ sprungweis änderte, d. h. eine Unterbrechung der Stetigkeit erlitte, was der gemachten Supposition der Stetigkeit von $\Phi(u)$ und $\Psi(u)$ widerspricht; im zweiten Falle gäbe es eine Reihe Werthe von u (nämlich alle zwischen u' und u_1 liegenden), zwar $< u_1$, für die aber nicht $\Phi(u) = \Psi(u)$ wäre und diess würde gegen die Voraussetzung streiten, dass für jedes $u < u_1$ $\Phi(u) = \Psi(u)$ sein soll. In der Anwendung auf die Gleichung (6) haben wir für $\Phi(u)$ das Integral links und für $\Psi(u)$ die Reihe rechts zu setzen. Da wir nun α und β als positiv annehmen, so erhellt augenblicklich, dass für positive γ das Integral $\Phi(u)$ sowohl für $u = +1$ als für $u = -1$ noch eine stetige und endliche Funktion bleibt, ebenso für negative γ, wenn $u = +1$ ist, nur bedarf noch der Fall, dass γ negativ und $u = -1$ ist, einer besonderen Untersuchung, denn für $\gamma = -\gamma'$ geht dann das Integral in

$$\int_0^1 x^{\alpha-1}(1-x)^{p-1}\frac{dx}{(1-x^\beta)^{\gamma'}}$$

über und hier könnte allerdings ein Unendlich- oder Unstetigwerden vorkommen, weil der Quotient

$$\frac{1}{(1-x^\beta)^{\gamma'}}$$

für den noch im Bereiche der Integration liegenden Werth $x = 1$ unendlich und diskontinuirlich wird. Da nun aber β positiv ist und x die Gränzen 0 und 1 nicht überschreitet, so ist für das ganze Intervall der Integration $x^\beta \leqq x$ folglich

$$(1-x^\beta)^{\gamma'} \geqq (1-x)^{\gamma'}, \quad \frac{1}{(1-x^\beta)^{\gamma'}} \leqq \frac{1}{(1-x)^{\gamma'}}$$

und folglich kann das in Rede stehende Integral nicht mehr als das folgende

$$\int_0^1 x^{\alpha-1}(1-x)^{p-\gamma'-1}\,dx$$

betragen, dessen Werth eine endliche Grösse ist, sobald $p-\gamma'$ d. h. $p+\gamma$ positiv ausfällt. Was ferner die mit $\Psi(u)$ bezeichnete Reihe in Nr. (6) betrifft, so erhellt sehr leicht, dass dieselbe für $u=\pm 1$ convergirt, sobald $p+\gamma$ eine positive Grösse ist; denn zuvörderst braucht man blos zu beachten, dass sie jedenfalls convergirt, wenn die folgende

$$\frac{1}{\alpha(\alpha+1)\ldots(\alpha+p-1)}+\frac{\frac{\gamma}{1}}{(\alpha+\beta)(\alpha+\beta+1)\ldots(\alpha+\beta+p-1)}$$
$$+\frac{\frac{\gamma(\gamma+1)}{1.2}}{(\alpha+2\beta)(\alpha+2\beta+1)\ldots(\alpha+2\beta+p-1)}+\ldots.$$

diese Eigenschaft besitzt; die Convergenz der letzteren ist aber leicht durch die Bemerkung festzustellen, dass jede Reihe von der Form

$$t_0+t_1+t_2+t_3+\ldots$$

convergirt, sobald

$$Lim\left[n\left(\frac{t_n}{t_{n+1}}-1\right)\right]>1 \tag{7}$$

wird*), woraus sich in unserem Falle $p+\gamma+1>1$, d. i. wie früher $p+\gamma>0$ ergiebt. Nach diesen Feststellungen erhalten wir nun aus der Gleichung (6) für $u=+1$

$$\frac{1}{(p-1)'}\int_0^1 x^{\alpha-1}(1-x)^{p-1}(1+x^\beta)^\gamma\,dx$$
$$=\frac{1}{\alpha(\alpha+1)\ldots(\alpha+p-1)}+\frac{\gamma_1}{(\alpha+\beta)(\alpha+\beta+1)\ldots(\alpha+\beta+p-1)}$$
$$+\frac{\gamma_2}{(\alpha+2\beta)(\alpha+2\beta+1)\ldots(\alpha+2\beta+p-1)}+\ldots. \tag{8}$$

*) M. s. mein *Handb. d. Differ. u. Integralr. S.* 268.

und ebenso für $u = -1$

$$\frac{1}{(p-1)'}\int_0^1 x^{\alpha-1}(1-x)^{p-1}(1-x^\beta)^\gamma dx$$

$$= \frac{1}{\alpha(\alpha+1)\ldots(\alpha+p-1)} - \frac{\gamma_1}{(\alpha+\beta)(\alpha+\beta+1)\ldots(\alpha+\beta+p-1)}$$

$$+ \frac{\gamma_2}{(\alpha+2\beta)(\alpha+2\beta+1)\ldots(\alpha+2\beta+p-1)} - \cdots \quad (9)$$

wobei aber $p+\gamma$ positiv sein muss.

Die letztere Gleichung bietet noch einen interessanten speziellen Fall dar; wenn nämlich $\beta = 1$ ist, so giebt die Ausführung der Integration links:

$$\frac{\Gamma(\alpha)\,\Gamma(p+\gamma)}{\Gamma(p)\,\Gamma(\alpha+p+\gamma)}$$

$$= \frac{1}{\alpha(\alpha+1)\ \ldots\ (\alpha+p-1)} - \frac{\gamma_1}{(\alpha+1)(\alpha+2)\ \ldots\ (\alpha+p)}$$

$$+ \frac{\gamma_2}{(\alpha+2)(\alpha+3)\ldots(\alpha+p+1)} - \ldots \quad (10)$$

wobei der Symmetrie wegen $\Gamma(p)$ an der Stelle von $(p-1)'$ steht. Spezialisirt man γ zu einer negativen ganzen Zahl, so reduzirt sich die linke Seite auf rein algebraische Grössen.

§. 24.

Ganz analog den Betrachtungen des vorigen Paragraphen lässt sich auch leicht zeigen, wie man aus der als bekannt vorausgesetzten Reihensumme

$$F(u) = A_0 + A_1 u + A_2 u^2 + \ldots$$

die Summe der complizirteren Reihe

$$A_0 + \frac{\beta}{\gamma} A_1 u + \frac{\beta(\beta+1)}{\gamma(\gamma+1)} A_2 u^2 + \ldots.$$

ableiten kann. Hierzu sind folgende Schritte nöthig.

Man hat erstlich bei ganzen positiven n

$$\int_0^1 x^{\beta+n-1}(1-x)^{\gamma-\beta-1}\,dx = \frac{\Gamma(\beta+n)\,\Gamma(\gamma-\beta)}{\Gamma(\gamma+n)}$$

$$= \frac{\beta(\beta+1)\ldots(\beta+n-1)}{\gamma(\gamma+1)\ldots(\gamma+n-1)}\cdot\frac{\Gamma(\beta)\,\Gamma(\gamma-\beta)}{\Gamma(\gamma)}$$

und hieraus durch Multiplikation mit $A_n\,u^n$

$$\frac{\Gamma(\gamma)}{\Gamma(\beta)\,\Gamma(\gamma-\beta)}\int_0^1 x^{\beta-1}(1-x)^{\gamma-\beta-1}\,dx\,A_n\,(ux)^n$$

$$= \frac{\beta(\beta+1)(\beta+2)\ldots(\beta+n-1)}{\gamma(\gamma+1)(\gamma+2)\ldots(\gamma+n-1)}A_n\,u^n.$$

Addirt man nun alles Dasjenige, was sich für $n=0, 1, 2, \ldots$ aus dieser Gleichung ergiebt, so findet man sogleich:

$$\frac{\Gamma(\gamma)}{\Gamma(\beta)\,\Gamma(\gamma-\beta)}\int_0^1 x^{\beta-1}(1-x)^{\gamma-\beta-1}F(ux)\,dx$$

$$= A_0 + \frac{\beta}{\gamma}A_1\,u + \frac{\beta(\beta+1)}{\gamma(\gamma+1)}A_2\,u^2$$

$$+ \frac{\beta(\beta+1)(\beta+2)}{\gamma(\gamma+1)(\gamma+2)}A_3\,u^3 + \ldots. \qquad (1)$$

Ein brauchbares Beispiel hierzu bildet die Annahme

$$A_n = \frac{\alpha(\alpha+1)(\alpha+2)\ldots(\alpha+n-1)}{1.2.3\ldots n}$$

woraus

$$F(u) = (1-u)^{-\alpha}$$

folgt, wenn man voraussetzt, dass u innerhalb der Gränzen $+1$ und -1 liegt. Die Gleichung (1) giebt dann:

$$\frac{\Gamma(\gamma)}{\Gamma(\beta)\,\Gamma(\gamma-\beta)}\int_0^1 x^{\beta-1}(1-x)^{\gamma-\beta-1}(1-ux)^{-\alpha}\,dx$$

$$= 1 + \frac{\alpha\,\beta}{1\,.\,\gamma}u + \frac{\alpha(\alpha+1)\,.\,\beta(\beta+1)}{1\,.\,2\,.\,\gamma(\gamma+1)}u^2$$

$$+ \frac{\alpha(\alpha+1)(\alpha+2)\,.\,\beta(\beta+1)(\beta+2)}{1\,.\,2\,.\,3\,.\,\gamma(\gamma+1)(\gamma+2)}u^3 + \dots \qquad (2)$$

womit die Summe der sogenannten hypergeometrischen Reihe bestimmt ist. — Diese Gleichung lässt sich, ganz abgesehen von ihrer Herleitung, auch noch auf den Fall $u=1$ ausdehnen, wenn man nämlich α, β, γ so wählt, dass beide Seiten der Gleichung als Funktionen von u betrachtet, für $u=1$ weder unendlich noch unstetig werden. Die linke Seite geht nun für $u=1$ in

$$\int_0^1 x^{\beta-1}(1-x)^{\gamma-\beta-\alpha-1}\,dx$$

über und das ist noch eine endliche bestimmte Grösse, wenn $\gamma-\beta-\alpha$ positiv ausfällt. Die rechte Seite von (2) verwandelt sich für $u=1$ in

$$1 + \frac{\alpha\,.\,\beta}{1\,.\,\gamma} + \frac{\alpha(\alpha+1)\,.\,\beta(\beta+1)}{1\,.\,2\,.\,\gamma(\gamma+1)} + \dots$$

und wenn man auf dieselbe das Theorem (7) im vorigen Paragraphen anwendet, so findet man, dass dieselbe für $\gamma-\alpha-\beta+1>1$ d. i. $\gamma-\alpha-\beta>0$ convergirt, also eine endliche Grösse zur Summe hat. Wir gelangen nun durch Anwendung desselben Prinzips wie im vorigen Paragraphen und unter der Bemerkung, dass

$$\int_0^1 x^{\beta-1}(1-x)^{\gamma-\beta-\alpha-1}\,dx = \frac{\Gamma(\beta)\,\Gamma(\gamma-\beta-\alpha)}{\Gamma(\gamma-\alpha)}$$

ist, zu der folgenden sehr eleganten und von Gauss zuerst bewiesenen Formel:

$$\left.\begin{aligned}\frac{\Gamma(\gamma)\,\Gamma(\gamma-\beta-\alpha)}{\Gamma(\gamma-\alpha)\,\Gamma(\gamma-\beta)} &= 1 + \frac{\alpha\,.\,\beta}{1\,.\,\gamma} + \frac{\alpha(\alpha+1)\,.\,\beta(\beta+1)}{1\,.\,2\,.\,\gamma(\gamma+1)}\\ &\quad + \frac{\alpha(\alpha+1)(\alpha+2)\,.\,\beta(\beta+1)(\beta+2)}{1\,.\,2\,.\,3\,.\,\gamma(\gamma+1)(\gamma+2)} + \dots\\ \gamma &> \alpha+\beta\,.\end{aligned}\right\} \quad (3)$$

Da α, β, γ bis auf die letzte Bedingung willkührlich sind, so enthält diese Gleichung eine Menge anderer Summenformeln in sich; so wird z. B. für $\alpha = 1$

$$\frac{\gamma-1}{\gamma-\beta-1} = 1 + \frac{\beta}{\gamma} + \frac{\beta(\beta+1)}{\gamma(\gamma+1)} + \ldots.$$

$$\gamma > \beta + 1$$

wie man auch auf elementarem Wege finden kann.

Ein zweites Beispiel für das Theorem in (1) liefert die Supposition

$$A_n = \frac{(-1)^n}{1.2\ldots(2n)}$$

woraus $F(u) = \cos\sqrt{u}$ folgt und:

$$\frac{\Gamma(\gamma)}{\Gamma(\beta)\,\Gamma(\gamma-\beta)} \int_0^1 x^{\beta-1}(1-x)^{\gamma-\beta-1} \cos\sqrt{ux}\,dx$$

$$= 1 + \frac{\beta u}{1.2.\gamma} + \frac{\beta(\beta+1)u^2}{1.2.3.4.\gamma(\gamma+1)} - \ldots\ldots$$

oder u^2 für u und $x = \vartheta^2$ gesetzt

$$\frac{2\Gamma(\gamma)}{\Gamma(\beta)\,\Gamma(\gamma-\beta)} \int_0^1 \vartheta^{2\beta-1}(1-\vartheta^2)^{\gamma-\beta-1} \cos u\vartheta\,d\vartheta$$

$$= 1 - \frac{\beta u^2}{1.2.\gamma} + \frac{\beta(\beta+1)u^4}{1.2.3.4.\gamma(\gamma+1)} - \frac{\beta(\beta+1)(\beta+2)u^6}{1.2\ldots6.\gamma(\gamma+1)(\gamma+2)} + \ldots.$$

Hieraus folgt zum Exempel für $\beta = \frac{1}{2}$ wenn man $2u$ für u setzt

$$\frac{2\Gamma(\gamma)}{\sqrt{\pi}\,\Gamma(\gamma-\frac{1}{2})} \int_0^1 (1-\vartheta^2)^{\gamma-\frac{3}{2}} \cos 2u\vartheta\,d\vartheta$$

$$= 1 - \frac{u^2}{1.\gamma} + \frac{u^4}{1.2.\gamma(\gamma+1)} - \frac{u^6}{1.2.3\ \gamma(\gamma+1)(\gamma+2)} + \ldots.$$

Man kann dieser Gleichung noch ein paar andere Gestalten verleihen, wenn man erst

$$\gamma = \frac{\mu+1}{\mu+2}, \quad u^2 = \frac{ab\,x^{\mu+2}}{(\mu+2)^2}$$

und dann

$$\gamma = \frac{\mu+3}{\mu+2}, \quad u^2 = \frac{ab\,x^{\mu+2}}{(\mu+2)^2}$$

nimmt, wo x die Rolle einer arbiträren Constanten spielt.

Man findet so:

$$\frac{2\Gamma\left(\frac{\mu+1}{\mu+2}\right)}{\sqrt{\pi}\,\Gamma\left(\frac{\mu}{2\mu+4}\right)}\int_0^1 (1-\vartheta^2)^{-\frac{\mu+4}{2\mu+4}} \cos\left(\frac{2\vartheta\sqrt{ab\,x^{\mu+2}}}{\mu+2}\right) \cdot d\vartheta$$

$$= 1 - \frac{ab\,x^{\mu+2}}{(\mu+1)(\mu+2)} + \frac{a^2 b^2 x^{2\mu+4}}{(\mu+1)(\mu+2)(2\mu+3)(2\mu+4)}$$

$$- \frac{a^3 b^3 x^{3\mu+6}}{(\mu+1)(\mu+2)(2\mu+3)(2\mu+4)(3\mu+5)(3\mu+6)} + \ldots \quad (4)$$

und

$$\frac{2\Gamma\left(\frac{\mu+3}{\mu+2}\right)}{\sqrt{\pi}\,\Gamma\left(\frac{\mu+4}{2\mu+4}\right)}\int_0^1 (1-\vartheta^2)^{-\frac{\mu}{2\mu+4}} \cos\left(\frac{2\vartheta\sqrt{ab\,x^{\mu+2}}}{\mu+2}\right) d\vartheta$$

$$= 1 - \frac{ab\,x^{\mu+2}}{(\mu+2)(\mu+3)} + \frac{a^2 b^2 x^{2\mu+4}}{(\mu+2)(\mu+3)(2\mu+4)(2\mu+5)}$$

$$- \frac{a^3 b^3 x^{3\mu+6}}{(\mu+2)(\mu+3)(2\mu+4)(2\mu+5)(3\mu+6)(3\mu+7)} + \ldots \quad (5)$$

Von Summenformeln dieser Art lässt sich oft ein sehr vortheilhafter Gebrauch zur Integration von Differenzialgleichungen machen.

In vielen Fällen nämlich ist es bekanntlich nicht leicht, das Integral einer Differenzialgleichung in geschlossener Form anzugeben und dann begnügt man sich damit, dasselbe mittelst der Methode der unbestimmten Coeffizienten in eine Reihe zu verwandeln. Diese Reihen lassen sich aber oft mit Hülfe solcher Formeln, wie wir sie oben entwickelt haben, summiren und hierdurch gelangt man dann wieder zu einer geschlossenen Form des Integrales, welche das Eigenthümliche hat, dass die unabhängige Variable der Differenzialgleichung als arbiträre Constante des Integrales auftritt. Um diess an einem Beispiele zu zeigen, sei

$$\frac{d^2 y}{dx^2} = k x^\mu y \tag{6}$$

die zu integrirende Differenzialgleichung und darin k eine Constante. Setzt man hier

$$y = A x^\lambda + A_1 x^{\lambda_1} + A_2 x^{\lambda_2} + A_3 x^{\lambda_3} + \dots$$

so muss nach dem Vorigen

$$A\lambda(\lambda-1)x^{\lambda-2} + A_1\lambda_1(\lambda_1-1)x^{\lambda_1-2} + A_2\lambda_2(\lambda_2-1)x^{\lambda_2-2} + \dots$$
$$= kx^\mu \left\{ A x^\lambda + A_1 x^{\lambda_1} + A_2 x^{\lambda_2} + A_3 x^{\lambda_3} + \dots \right\}$$

sein, woraus, wenn A_m und λ_m irgend einen Coeffizienten und Exponenten der Reihe bezeichnen, die Gleichungen:

$$\lambda(\lambda-1) = 0$$
$$\lambda_m - 2 = \lambda_{m-1} + \mu, \quad A_m \lambda_m(\lambda_m - 1) = k A_{m-1}$$

folgen; bestimmt man hieraus die Grössen $\lambda_1, \lambda_2, \dots, A_1, A_2, \dots$ und bemerkt, dass wegen der ersten Gleichung λ ebensowohl $=0$ als $=1$ sein kann, so findet man für y die beiden verschiedenen Werthe

$$y = A + \frac{kAx^{\mu+2}}{(\mu+1)(\mu+2)} + \frac{k^2 A x^{2\mu+4}}{(\mu+1)(\mu+2)(2\mu+3)(2\mu+4)}$$
$$+ \frac{k^3 A x^{3\mu+6}}{(\mu+1)(\mu+2)(2\mu+3)(2\mu+4)(3\mu+5)(3\mu+6)} + \dots$$

und

$$y = Ax + \frac{k A x^{\mu+3}}{(\mu+2)(\mu+3)} + \frac{k^2 A x^{2\mu+5}}{(\mu+2)(\mu+3)(2\mu+4)(2\mu+5)}$$
$$+ \frac{k^3 A x^{3\mu+7}}{(\mu+2)(\mu+3)(2\mu+4)(2\mu+5)(3\mu+6)(3\mu+7)} + \dots$$

und diess sind die beiden partikulären Auflösungen der Differenzialgleichung. Giebt man in der zweiten dem A einen anderen Werth als in der ersten, indem man etwa B für A schreibt, so ist jetzt das allgemeine Integral

$$y = A \left\{1 + \frac{k x^{\mu+2}}{(\mu+1)(\mu+2)} + \frac{k^2 x^{2\mu+4}}{(\mu+1)(\mu+2)(2\mu+3)(2\mu+4)} + \dots\right\}$$
$$+ Bx \left\{1 + \frac{k x^{\mu+2}}{(\mu+2)(\mu+3)} + \frac{k^2 x^{2\mu+4}}{(\mu+2)(\mu+3)(2\mu+4)(2\mu+5)} + \dots\right\}$$

worin A und B die Integrationsconstanten sind. Nehmen wir noch $k = -ab$, so gehen die eingeklammerten Reihen in diejenigen über, welche wir in Nr. (5) und (6) summirt haben; substituiren wir ihre dort bestimmten Summen und rechnen die constanten Faktoren der Integrale in (5) und (6) mit in die Constanten A und B ein, so ergiebt sich, dass das vollständige Integral der Differenzialgleichung

$$\frac{d^2 y}{dx^2} + ab\, x^{\mu} y = 0 \tag{7}$$

durch folgende Formel dargestellt wird:

$$\left.\begin{aligned} y = A \int_0^1 (1-\vartheta^2)^{-\frac{\mu+4}{2\mu+4}} \cos\left(\frac{2\vartheta\sqrt{ab\,x^{\mu+2}}}{\mu+2}\right) d\vartheta \\ + Bx \int_0^1 (1-\vartheta^2)^{-\frac{\mu}{2\mu+4}} \cos\left(\frac{2\vartheta\sqrt{ab\,x^{\mu+2}}}{\mu+2}\right) d\vartheta \end{aligned}\right\} \text{(8) *)}$$

*) Diese sehr elegante Entwickelung giebt Kummer im 12ten Bande des *Crelle*'schen *Journals* S. 144.

die sich noch viel besser gestaltet, wenn man zur Abkürzung

$$\frac{\mu+2}{2}=m,\quad \frac{2\sqrt{ab}}{\mu+2}=k$$

setzt und statt ϑ eine neue Variable $\vartheta = \sin t$ einführt; es wird dann

$$\left.\begin{aligned} y = A\int_0^{\frac{\pi}{2}}(\cos t)^{-\frac{1}{m}}\cos(kx^m t)\,dt \\ + Bx\int_0^{\frac{\pi}{2}}(\cos t)^{+\frac{1}{m}}\cos(kx^m t)\,dt \end{aligned}\right\} \quad (9)$$

Hieraus lässt sich auch noch das Integral der Riccatischen Differenzialgleichung ableiten; setzt man nämlich

$$y = e^{a\int z\,dx}$$

so geht die Differenzialgleichung (7) in die folgende über

$$\frac{dz}{dx}+az^2+bx^\mu=0 \quad (10)$$

welche eben die Riccatische ist; da aber aus dem Vorigen

$$z=\frac{1}{a}\frac{dly}{dx}=\frac{1}{ay}\frac{dy}{dx}$$

folgt, so giebt die vorstehende Formel das Integral von (10), wenn man in ihr für y den durch Nr. (9) bestimmten Werth setzt.

Bei aller Nettigkeit, welche diese Integrationsmethode auszeichnet, darf man sich jedoch nicht verhehlen, dass das Verfahren ein sehr indirektes ist, in so fern man den Umweg über eine unendliche Reihe macht und dass man damit, wie bei indirekten Methoden immer, auf grosse Unbequemlichkeiten stossen kann, sobald nämlich die für die Reihencoeffizienten und Exponenten entwickelte Rekursionsformel das independente Gesetz derselben nur schwer übersehen lässt. Es ist daher besser, das gesuchte Integral y gleich von vornherein in die Form:

$$y = \int \varphi(x, t)\, dt$$

zu stellen und aus der ursprünglichen Differenzialgleichung eine zweite für $\varphi(x, t)$ abzuleiten, deren Integration oft viel leichter ist *).

Die Formel (1) kann auch zur Auffindung bestimmter Integrale dienen, wenn man die Coeffizienten A_0, A_1, A_2, etc. so zu wählen weiss, dass sich die Reihen

$$A_0 + A_1 u + A_2 u^2 + \ldots.$$

$$A_0 + \frac{\beta}{\gamma} A_1 u + \frac{\beta(\beta+1)}{\gamma(\gamma+1)} A_2 u^2 + \ldots.$$

gleichzeitig summiren lassen, also in (1) sowohl die linke als rechte Seite eine geschlossene Form annimmt. In dieser Beziehung ist besonders ein Fall von Interesse; setzt man nämlich α für γ, $u = 1$, $x = \sin^2 z$ und zur Abkürzung $F(\sin^2 z) = \Phi(z)$, so geht die Gleichung (1) in die folgende über:

$$\left.\begin{aligned} &\frac{2\Gamma(\alpha)}{\Gamma(\beta)\,\Gamma(\alpha-\beta)} \int_0^{\frac{\pi}{2}} \sin^{2\beta-1} z \cos^{2\alpha-2\beta-1} z\, \Phi(z)\, dz \\ &= A_0 + \frac{\beta}{\alpha} A_1 + \frac{\beta(\beta+1)}{\alpha(\alpha+1)} A_2 + \frac{\beta(\beta+1)(\beta+2)}{\alpha(\alpha+1)(\alpha+2)} A_3 + \ldots. \end{aligned}\right\} \quad (11)$$

wo nun

$$\Phi(z) = A_0 + A_1 \sin^2 z + A_2 \sin^4 z + A_3 \sin^6 z + \ldots \quad (12)$$

ist. Nimmt man nun z. B.

$$A_0 = 1, \quad A_1 = -\frac{\alpha \,.\, \alpha}{\frac{1}{2} \,.\, 1}, \quad A_2 = +\frac{\alpha(\alpha-1) \,.\, \alpha(\alpha+1)}{\frac{1}{2} \,.\, \frac{3}{2} \,.\, 1 \,.\, 2},$$

$$A_3 = -\frac{\alpha(\alpha-1)(\alpha-2) \,.\, \alpha(\alpha+1)(\alpha+2)}{\frac{1}{2} \,.\, \frac{3}{2} \,.\, \frac{5}{2} \,.\, 1 \,.\, 2 \,.\, 3}, \text{ u. s. f.}$$

so wird:

---

*) Einige geschickte Ausführungen dieses Gedankens giebt Lobatto in *Crelle's Journal, Band* 17, *S.* 363, wo auch die Formel (9) entwickelt wird.

$$\Phi(z) = 1 - \frac{a^2}{1.2}(2\sin z)^2 + \frac{a^2(a^2-1^2)}{1.2.3.4}(2\sin z)^4$$

$$- \frac{a^2(a^2-1^2)(a^2-2^2)}{1.2.3.4.5.6}(2\sin z)^6 + \dots\dots$$

d. i. nach einer sehr bekannten Formel $\Phi(z) = \cos 2a z$. Die rechte Seite der Gleichung (11) wird ferner:

$$1 - \frac{\alpha . \beta}{\frac{1}{2} . 1} + \frac{\alpha(\alpha-1) . \beta(\beta+1)}{\frac{1}{2} . \frac{3}{2} . 1 . 2} - \frac{\alpha(\alpha-1)(\alpha-2) . \beta(\beta+1)(\beta+2)}{\frac{1}{2} . \frac{3}{2} . \frac{5}{2} . 1 . 2 . 3} + \dots\dots$$

und diese Reihe kann mit Hülfe der Formel (3) summirt werden, wenn man daselbst $-\alpha$ für α und $\gamma = \frac{1}{2}$ setzt. Nach diesen Bemerkungen ergiebt sich

$$\frac{2\Gamma(\alpha)}{\Gamma(\beta)\,\Gamma(\alpha-\beta)} \int_0^{\frac{\pi}{2}} \sin^{2\beta-1} z \cos^{2\alpha-2\beta-1} z \cos 2\alpha z \, dz$$

$$= \frac{\Gamma(\frac{1}{2})\,\Gamma(\frac{1}{2}-\beta+\alpha)}{\Gamma(\frac{1}{2}+\alpha)\,\Gamma(\frac{1}{2}-\beta)}$$

wobei nun $\frac{1}{2} > \beta > 0$ sein muss, wenn keine der Gammafunktionen unendlich werden soll. Setzt man noch

$$\beta = \frac{\mu}{2}, \quad \alpha = \frac{\mu+\nu}{2}$$

und berücksichtigt die Formel

$$\Gamma(\gamma)\,\Gamma(\gamma+\tfrac{1}{2}) = 2^{\frac{1}{2}-2\gamma}\sqrt{2\pi}\,\Gamma(2\gamma)$$

so findet man jetzt sehr leicht

$$\left.\begin{aligned} \int_0^{\frac{\pi}{2}} \sin^{\mu-1} z \cos^{\nu-1} z \cos(\mu+\nu) z \, dz &= \frac{\Gamma(\mu)\,\Gamma(\nu)}{\Gamma(\mu+\nu)} \cos \tfrac{1}{2}\mu\pi \\ 1 > \tfrac{1}{2}\mu > 0. & \end{aligned}\right\} \quad (13)$$

Man kann hieraus gleich noch ein ähnlich gebildetes Integral ableiten. Führt man nämlich statt z die neue Variable $\frac{\pi}{2} - y$ ein und vertauscht μ und ν gegeneinander, so geht das obige Integral in das folgende über

$$\cos(\mu+\nu)\frac{\pi}{2}\int_0^{\frac{\pi}{2}}\cos^{\nu-1}y\,\sin^{\mu-1}y\,\cos(\mu+\nu)y\,dy$$

$$+\sin(\mu+\nu)\frac{\pi}{2}\int_0^{\frac{\pi}{2}}\cos^{\nu-1}y\,\sin^{\mu-1}y\,\sin(\mu+\nu)y\,dy$$

$$=\frac{\Gamma(\mu)\,\Gamma(\nu)}{\Gamma(\mu+\nu)}\cos\tfrac{1}{2}\nu\pi\,.$$

Bestimmt man den Werth des zweiten Integrales links nach Formel (13), so giebt die Transposition, wenn wieder z für y geschrieben wird

$$\left.\begin{array}{c}\displaystyle\int_0^{\frac{\pi}{2}}\sin^{\mu-1}z\,\cos^{\nu-1}z\,\sin(\mu+\nu)z\,dz=\frac{\Gamma(\mu)\,\Gamma(\nu)}{\Gamma(\mu+\nu)}\sin\tfrac{1}{2}\mu\pi\\ 1>\tfrac{1}{2}\mu>0\,.\end{array}\right\}\quad(14)$$

Eine zweite derartige Anwendung der Formel (11) bildet die Annahme $\beta=\frac{1}{2}$, $\alpha=\nu$

$$A_0=1,\ A_1=-\frac{\frac{\mu}{2}\cdot\frac{\mu}{2}}{\frac{1}{2}\cdot 1},\ A_2=+\frac{\frac{\mu}{2}\left(\frac{\mu}{2}-1\right)\frac{\mu}{2}\left(\frac{\mu}{2}+1\right)}{\frac{1}{2}\cdot\frac{3}{2}\cdot 1\cdot 2},$$

$$A_3=-\frac{\frac{\mu}{2}\left(\frac{\mu}{2}-1\right)\left(\frac{\mu}{2}-2\right)\frac{\mu}{2}\left(\frac{\mu}{2}+1\right)\left(\frac{\mu}{2}+2\right)}{\frac{1}{2}\cdot\frac{3}{2}\cdot\frac{5}{2}\cdot 1\cdot 2\cdot 3},\ \text{u. s. f.}$$

es wird hierdurch ähnlich wie vorhin $\Phi(z)=\cos\mu z$, und die rechte Seite der Gleichung (11) geht über in

$$1-\frac{\frac{\mu}{2}\cdot\frac{\mu}{2}}{1\cdot\nu}+\frac{\frac{\mu}{2}\left(\frac{\mu}{2}-1\right)\frac{\mu}{2}\left(\frac{\mu}{2}+1\right)}{1\cdot 2\cdot\nu(\nu+1)}-\ldots\ldots$$

und die Summe dieser Reihe ist nach Formel (3) für $\alpha = -\frac{\mu}{2}$, $\beta = +\frac{\mu}{2}$, $\gamma = \nu$,

$$\frac{\Gamma(\nu)\,\Gamma(\nu)}{\Gamma\left(\nu+\frac{\mu}{2}\right)\,\Gamma\left(\nu-\frac{\mu}{2}\right)}.$$

Nach Formel (11) ist jetzt

$$\frac{2\Gamma(\nu)}{\Gamma(\frac{1}{2})\,\Gamma(\nu-\frac{1}{2})}\int_0^{\frac{\pi}{2}} cos^{2\nu-2} z\, cos\,\mu z\, dz = \frac{\Gamma(\nu)\,\Gamma(\nu)}{\Gamma\left(\nu+\frac{\mu}{2}\right)\,\Gamma\left(\nu-\frac{\mu}{2}\right)}$$

woraus man für $\nu = \frac{\lambda+2}{2}$ leicht findet:

$$\int_0^{\frac{\pi}{2}} cos^{\lambda} z\, cos\,\mu z\, dz = \frac{\pi\Gamma(\lambda+1)}{\Gamma\left(1+\frac{\lambda+\mu}{2}\right)\,\Gamma\left(1+\frac{\lambda-\mu}{2}\right)}. \qquad (15)\,^{*})$$

§. 25.

Von besonderem Interesse ist noch ein Theorem, wonach man aus einer bereits bekannten Reihensumme von der Form:

$$F(r, z) = A_0 + A_1\, r\, cos\, z + A_2\, r^2\, cos\, 2z + \ldots \qquad (1)$$

die Summe der Reihe

$$A_0 + A_1\, rq + A_2\, r^2 q^4 + A_3\, r^3 q^9 + \ldots.$$

ableiten kann, worin q einen beliebigen ächten Bruch bedeutet. Man hat nämlich nach der Formel (8) in §. 12 für $\alpha = 1$, $\beta = 2nk$:

---

*) Grossen Reichthum an solchen Reihenvergleichungen, die wieder zur Kenntniss bestimmter Integrale führen, entfaltet Kummer in *Crelle's Journal*, *Bd.* 17, *S.* 210 u. *S.* 288; *Bd.* 20, *S.* 1.

$$\frac{2}{\sqrt{\pi}}\int_0^\infty \cos 2nkx\, e^{-x^2}\,dx = e^{-(nk)^2}$$

und wenn man diese Gleichung mit $A_n r^n$ multiplizirt, darauf $n=0$, 1, 2, 3, ... setzt und Alles addirt

$$\frac{2}{\sqrt{\pi}}\int_0^\infty \{A_0 + A_1 r\cos 2kx + A_2 r^2 \cos 4kx + \ldots\}\, e^{-x^2}\,dx$$

$$= A_0 + A_1 r\, e^{-k^2} + A_2 r^2\, e^{-(2k)^2} + A_3 r^3\, e^{-(3k)^2} + \ldots.$$

wobei sich die linke Seite vermöge der in Nr. (1) gemachten Voraussetzung kürzer durch

$$\frac{2}{\sqrt{\pi}}\int_0^\infty F(r, 2kx)\, e^{-x^2}\,dx$$

ausdrücken lässt. Setzt man noch $e^{-k^2}=q$, also $k=\sqrt{l\left(\frac{1}{q}\right)}$, so wird das allgemeine Glied der vorigen Reihe

$$e^{-(nk)^2} = \left(e^{-k^2}\right)^{n^2} = q^{n^2}$$

und folglich

$$\left.\begin{aligned}&\frac{2}{\sqrt{\pi}}\int_0^\infty F\left(r, 2x\sqrt{l\left(\frac{1}{q}\right)}\right) e^{-x^2}\,dx\\ &= A_0 + A_1 rq + A_2 r^2 q^4 + A_3 r^3 q^9 + \ldots.\end{aligned}\right\}\quad (2)$$

Diess Theorem ist deswegen bemerkenswerth, weil hier die Coefficienten von q eine arithmetische Reihe zweiter Ordnung bilden. Nimmt man beispielsweis $A_0=0$, $A_1=1$, $A_2=\frac{1}{2}$, $A_3=\frac{1}{3}$ etc. oder

$$\tfrac{1}{2}l(1-2r\cos z + r^2) = r\cos z + \tfrac{1}{2}r^2\cos 2z + \ldots. \quad (3)$$

so wird

$$\left.\begin{aligned}&\frac{1}{\sqrt{\pi}}\int_0^\infty l(1-2r\cos 2kx + r^2)\, e^{-x^2}\,dx\\ &= rq + \tfrac{1}{2}r^2 q^4 + \tfrac{1}{3}r^3 q^9 + \tfrac{1}{4}r^4 q^{16} + \ldots\ldots\end{aligned}\right\}\quad (4)$$

wobei k wieder zur Abkürzung für $\sqrt{l(\frac{1}{q})}$ dient. Da die Gleichung (3) auch für $r = 1$ noch besteht, für alle x von $x = 0$ bis $x = \infty$, so ist noch

$$\left.\begin{array}{l} \frac{1}{\sqrt{\pi}} \int_0^\infty l(2 \sin kx)^2 e^{-x^2} dx \\ = q + \frac{1}{2}q^4 + \frac{1}{3}q^9 + \frac{1}{4}q^{16} + \ldots \end{array}\right\} \quad (5)$$

ebenso für $r = -1$

$$\left.\begin{array}{l} -\frac{1}{\sqrt{\pi}} \int_0^\infty l(2 \cos kx)^2 e^{-x^2} dx \\ = q - \frac{1}{2}q^4 + \frac{1}{3}q^9 - \frac{1}{4}q^{16} + \ldots \end{array}\right\} \quad (6)$$

In vielen Fällen ist die Spezialisirung $r = 1$, welche wir in diesem Beispiele vornehmen durften, nicht erlaubt, weil dabei die Reihe für $F(r, z)$ convergent zu sein aufhört, wie z. B. in

$$\frac{1 - r \cos z}{1 - 2r \cos z + r^2} = 1 + r \cos z + r^2 \cos 2z + \ldots$$

und man findet dann auf die vorige Weise den Werth von

$$A_0 + A_1 q + A_2 q^4 + A_3 q^9 + \ldots$$

nicht. Für solche Fälle dient die folgende Rechnung. Sei

$$\Phi(r, z) = A_1 r \cos z + A_2 r^3 \cos 3z + A_3 r^5 \cos 5z + \ldots \quad (7)$$

so findet man ebenso leicht wie früher

$$\left.\begin{array}{l} \frac{2}{\sqrt{\pi}} \int_0^\infty \Phi(r, 2kx) e^{-x^2} dx \\ = A_1 r e^{-k^2} + A_2 r^3 e^{-(3k)^2} + A_3 r^5 e^{-(5k)^2} + \ldots \end{array}\right\} \quad (8)$$

wobei die Glieder der Reihe unter der Form

$$A_n r^n e^{-(\overline{2n-1}\, k)^2} = A_n r^n (e^{-k^2})^{4n^2 - 4n + 1}$$

stehen. Nehmen wir jetzt:

$$e^{-k^2} = r^{\frac{1}{4}}$$

woraus folgt

$$k = \tfrac{1}{2}\sqrt{l\left(\frac{1}{r}\right)}$$

so geht das vorige allgemeine Glied in

$$A_n r^{n^2+\frac{1}{4}} = \sqrt[4]{r}\, A_n r^{n^2}$$

über, und die Gleichung (8) giebt

$$\frac{2}{\sqrt{\pi}} \int_0^\infty \Phi\left(r, x\sqrt{l\left(\frac{1}{r}\right)}\right) e^{-x^2} dx$$

$$= \sqrt[4]{r}\left\{A_1 r + A_2 r^4 + A_3 r^9 + \ldots\ldots\right\}$$

oder q für r geschrieben

$$\left.\begin{aligned} &\frac{2}{\sqrt{\pi}\sqrt[4]{q}} \int_0^\infty \Phi\left(q, x\sqrt{l\left(\frac{1}{q}\right)}\right) e^{-x^2} dx \\ &= A_1 q + A_2 q^4 + A_3 q^9 + A_4 q^{16} + \ldots\end{aligned}\right\} \quad (9)$$

wobei

$$\Phi(q, z) = A_1 q \cos z + A_2 q^2 \cos 3z + A_3 q^3 \cos 5z + \ldots \quad (10)$$

und q vermöge seiner Bedeutung $= r = e^{-4k^2}$ ein ächter Bruch ist.

Ein sehr einfaches Beispiel hierzu liefert die Annahme $A_1 = A_2 = A_3 \ldots$ $\ldots = 1$; sie giebt, wie man leicht findet

$$\Phi(q, z) = \frac{(1-q) q \cos z}{1 - 2q \cos 2z + q^2}$$

und folglich wenn h zur Abkürzung für $\sqrt{l\left(\frac{1}{q}\right)}$ dient

$$\left.\begin{aligned} &\frac{2}{\sqrt{\pi}}(1-q)\sqrt[4]{q^3} \int_0^\infty \frac{\cos hx\, dx}{1 - 2q\cos 2hx + q^2} e^{-x^2} \\ &= q + q^4 + q^9 + q^{16} + q^{25} + \ldots\ldots\end{aligned}\right\} \quad (11)$$

Für $A_1 = 1$, $A_2 = -1$, $A_3 = +1$, $A_4 = -1$ etc. Dagegen wird

$$\Phi(q, z) = \frac{(1+q) q \cos z}{1 + 2q \cos 2z + q^2}$$

und folglich

$$\left.\begin{aligned} &\frac{2}{\sqrt{\pi}} (1+q) \sqrt[4]{q^3} \int_0^\infty \frac{\cos hx \, dx}{1 + 2q \cos 2hx + q^2} e^{-x^2} \\ &= q - q^4 + q^9 - q^{16} + q^{25} - \ldots\ldots. \end{aligned}\right\} \quad (12)$$

In so fern man ein einfaches bestimmtes Integral stets als eine bekannte Grösse ansehen kann, die sich näherungsweis berechnen lässt, sind hiermit auch die Summen jener Reihen als gefunden zu betrachten. Man wird übrigens leicht bemerken, dass die so eben angestellten Untersuchungen noch einer Verallgemeinerung fähig sind, bei welcher man aus der Summe der Reihe $A_0 + A_1 u + A_2 u^2 + \ldots.$ die Summe derjenigen ableitet, wovon das allgemeine Glied durch $A_n q^{n^2 \alpha + n\beta}$ dargestellt wird, worin also die Exponenten eine beliebige arithmetische Reihe **zweiter** Ordnung bilden. Andererseits ist auch bekannt, dass der berühmte Verfasser der *Fundamenta nova* schon mehrere Reihen der Art durch elliptische Funktionen summirt hat, und diess gestattet dann wieder eine Vergleichung der verschiedenen Formen, unter welchen sich jene Summen darstellen, je nachdem man sich der einen oder anderen Methode bedient.

II.

Berechnung und Gebrauch

der

Gammafunktionentafel.

Berechnung und Gebrauch der Gammafunktionentafel.

Für die Aufstellung eines Canons, welcher die Werthe von $\Gamma(\mu)$ enthalten soll, sind zunächst zwei Bemerkungen von Gewicht; die erste besteht, wie schon früher angegeben wurde, in dem Satze, dass sich die Werthe von $\Gamma(\mu)$ für jedes beliebige μ leicht auffinden lassen, wenn man die dem Intervalle $\mu = 0$ bis $\mu = 1$ entsprechenden Werthe von $\Gamma(\mu)$ kennt, und dieses Theorem lässt sich ohne Schwierigkeit noch dahin erweitern, dass man sagt: die Werthe von $\Gamma(\mu)$ sind sämmtlich als bekannt anzusehen, sobald die dem Intervalle $\mu = n$ bis $\mu = n + 1$, wo n eine positive ganze Zahl ist, entsprechenden Werthe von $\Gamma(\mu)$ berechnet vorliegen. Richten wir nun weiter unsere Aufmerksamkeit auf diejenigen Formeln, mittelst deren $\Gamma(\mu)$ für $\mu < n$ oder $\mu > n + 1$ auf den Werth von $\Gamma(\mu)$ für den Fall $n + 1 > \mu > n$ reduzirt wird, erinnern wir uns mit einem Worte an die Beziehungen

$$\Gamma(\mu+1) = \mu\,\Gamma(\mu),\quad \Gamma(\mu+2) = \mu(\mu+1)\,\Gamma(\mu),\ \ldots\ldots$$

$$\Gamma(\mu-1) = \frac{\Gamma(\mu)}{\mu-1},\quad \Gamma(\mu-2) = \frac{\Gamma(\mu)}{(\mu-1)(\mu-2)},\ \ldots\ldots$$

so lässt das Vorkommen von blosen Multiplikationen und Divisionen in ihnen gleich erkennen, dass es für die Praxis am vortheilhaftesten sein werde, nicht eine Tafel für $\Gamma(\mu)$ selbst, sondern für die Logarithmen dieser Funktion eine solche aufzustellen und zwar nach dem Briggischen Systeme berechnet, um die Tafel selbst mit den gewöhnlichen logarithmischen Tafeln gleichzeitig benutzen zu können. Um aber eine bequeme Bezeichnung zu haben, wollen wir ein für allemal

$$\log \Gamma(\mu) = \varDelta(\mu) \tag{1}$$

setzen, wobei 10 die Basis des logarithmischen Systems ist:

Wenn es nun zunächst darauf ankäme, eine kleinere Tafel für $\varDelta(\mu)$ unter der Voraussetzung zu berechnen, dass μ der Reihe nach $= \frac{1}{n}, \frac{2}{n}, \frac{3}{n}, \ldots . \frac{n-1}{n}$ gesetzt wird, ein Fall, der bei mehreren höheren Untersuchungen vorkommt, so leisten die verschiedenen Reduktionsformeln, welche wir für die Gammafunktionen entwickelt haben, in so fern die trefflichsten Dienste, als sie die Berechnung jener $n-1$ verschiedenen $\varDelta$, auf die Berechnung einer ungleich geringeren Zahl solcher Funktionen zurückführen. Nehmen wir z. B. von der Gleichung

$$\Gamma\left(\frac{k}{n}\right) \Gamma\left(1-\frac{k}{n}\right) = \frac{\pi}{\sin \frac{k}{n} \pi}$$

die Logarithmen, so ergiebt sich nach unserer in Nr. (1) eingeführten Bezeichnung

$$\varDelta\left(\frac{k}{n}\right) + \varDelta\left(1-\frac{k}{n}\right) = \log \pi - \log \sin \frac{k}{n} \pi$$

oder

$$\varDelta\left(\frac{n-k}{n}\right) = \log \pi - \log \sin \frac{k}{n} \pi - \varDelta\left(\frac{k}{n}\right) \qquad (2)$$

und hieraus geht hervor, dass man $\varDelta(\mu)$ nur für die dem Intervalle $\mu = 0$ bis $\mu = \frac{1}{2}$ angehörigen Werthe von μ zu berechnen braucht, weil dann für $\mu > \frac{1}{2}$ und < 1 die obige Formel sogleich die übrigen $\varDelta$ angiebt. Man würde also für ein gerades n nur

$$\varDelta\left(\frac{1}{n}\right), \; \varDelta\left(\frac{2}{n}\right), \ldots \varDelta\left(\frac{\frac{1}{2}n-1}{n}\right), \qquad (3)$$

und für ein ungerades nur

$$\varDelta\left(\frac{1}{n}\right), \; \varDelta\left(\frac{2}{n}\right), \ldots\ldots \varDelta\left(\frac{\frac{1}{2}(n-1)}{n}\right) \qquad (4)$$

zu berechnen haben und dann mittelst der Formel (2) die Werthe von $\varDelta\left(\frac{n-1}{n}\right)$, $\varDelta\left(\frac{n-2}{n}\right)$, ... ableiten. Aber selbst zwischen diesen unter (3) und (4) aufgeführten Funktionen finden Beziehungen statt, welche die Zahl der unmittelbar zu berechnenden $\varDelta$ noch mehr verringern. Aus der Formel

$$\Gamma(\mu)\,\Gamma(\mu+\tfrac{1}{2}) = \Gamma(2\mu)\,2^{1-2\mu}\sqrt{\pi}$$

ergiebt sich nämlich, wenn man die Logarithmen nimmt und $\mu = \frac{k}{n}$ setzt

$$\varDelta\left(\frac{k}{n}\right) + \varDelta\left(\frac{1}{2}+\frac{k}{n}\right) = \varDelta\left(\frac{2k}{n}\right) + \left(1-\frac{2k}{n}\right) \log 2 + \tfrac{1}{2}\log\pi\,.$$

Andererseits ergiebt sich aber aus der Gleichung

$$\varDelta(\mu) + \varDelta(1-\mu) = \log\pi - \log\sin\mu\pi$$

für $\mu = \frac{1}{2} + \frac{k}{n}$,

$$\varDelta\left(\frac{1}{2}+\frac{k}{n}\right) + \varDelta\left(\frac{1}{2}-\frac{k}{n}\right) = \log\pi - \log\cos\frac{k}{n}\pi$$

und wenn man diese Gleichung von der vorhin aufgestellten subtrahirt, so findet man

$$\left.\begin{aligned}\varDelta\left(\frac{k}{n}\right) - \varDelta\left(\frac{n-2k}{2n}\right) = \varDelta\left(\frac{2k}{n}\right) + \left(1-\frac{2k}{n}\right)\log 2 \\ - \tfrac{1}{2}\log\pi + \log\cos\frac{k}{n}\pi\end{aligned}\right\} \quad (5)$$

d. h. eine Relation zwischen drei Funktionen $\varDelta$, deren Argumente $< \frac{1}{2}$ sind, sobald $2k < n$ genommen wird. Ebenso leicht würde sich eine Beziehung zwischen 4 verschiedenen $\varDelta$, deren Argumente $< \frac{1}{2}$ sind, aufstellen lassen; man brauchte sich zu diesem Zwecke nur an die Formel.

$$\Gamma(\mu)\,\Gamma(\mu+\tfrac{1}{3})\,\Gamma(\mu+\tfrac{2}{3}) = \Gamma(3\mu)\,3^{\frac{1}{2}-3\mu}\,2\pi \qquad (6)$$

zu wenden, darin $\mu = \frac{k}{n}$ zu setzen, die Logarithmen zu nehmen und diejenigen $\varDelta$, deren Argumente $> \frac{1}{2}$ ausfallen sollten $\left[\text{z. B. } \varDelta\left(\frac{2}{3}+\frac{k}{n}\right)\right]$

dadurch heraus zu schaffen, dass man die schon vorhin benutzte Relation zwischen $\varDelta(\mu)$ und $\varDelta(1-\mu)$ für sie in Anwendung brächte. Wie man auf diese Weise, vom Légendre'schen Theoreme geleitet, weiter gehen kann, ist unmittelbar einleuchtend, und man wird sich nach dieser Methode immer soviel Reduktionsformeln verschaffen, als man braucht, um die Berechnung von $\varDelta\left(\frac{1}{n}\right)$, $\varDelta\left(\frac{2}{n}\right)$ etc. auf die möglichst kleinste Anzahl solcher $\varDelta$ zurückzuführen. Wir wollen diess an dem Beispiele $n=12$ zeigen. Hier kommt es zunächst blos darauf an die Funktionen

$$\varDelta(\tfrac{1}{12}),\ \varDelta(\tfrac{2}{12}),\ \varDelta(\tfrac{3}{12}),\ \varDelta(\tfrac{4}{12}),\ \varDelta(\tfrac{5}{12}) \tag{7}$$

zu finden, denn weiterhin ist

$$\varDelta(\tfrac{6}{12}) = \varDelta(\tfrac{1}{2}) = \tfrac{1}{2} \log \pi$$

und nach Formel (2) für $k = 5, 4, 3, 2, 1$:

$$\varDelta(\tfrac{7}{12}) = \log \pi - \log \sin \tfrac{5}{12}\pi - \varDelta(\tfrac{5}{12})$$
$$\varDelta(\tfrac{8}{12}) = \log \pi - \log \sin \tfrac{4}{12}\pi - \varDelta(\tfrac{4}{12})$$
$$\cdots\cdots\cdots\cdots$$
$$\varDelta(\tfrac{11}{12}) = \log \pi - \log \sin \tfrac{1}{12}\pi - \varDelta(\tfrac{1}{12}).$$

Um nun zwischen den unter Nr. (7) aufgeführten Funktionen Beziehungen zu haben, benutzen wir zuerst die Formel (5) für $n=12$, $k=1$ und $k=2$; diess giebt

$$\begin{aligned}\varDelta(\tfrac{1}{12}) - \varDelta(\tfrac{5}{12}) &= \varDelta(\tfrac{3}{12}) + \tfrac{5}{6}\log 2 \\ &\quad - \tfrac{1}{2}\log \pi + \log \cos \tfrac{1}{12}\pi \\ \varDelta(\tfrac{2}{12}) - \varDelta(\tfrac{4}{12}) &= \varDelta(\tfrac{4}{12}) + \tfrac{2}{3}\log 2 \\ &\quad - \tfrac{1}{2}\log \pi + \log \cos \tfrac{2}{12}\pi .\end{aligned}$$

Sieht man einstweilen $\varDelta(\frac{4}{12}) = \varDelta(\frac{1}{3})$ als bekannt an, so erhalten wir aus der letzten Gleichung

$$\varDelta(\tfrac{2}{12}) = 2\varDelta(\tfrac{1}{3}) - \tfrac{1}{2}\log \pi - \tfrac{1}{3}\log 2 + \tfrac{1}{2}\log 3 \tag{8}$$

wobei für $\log \cos \frac{2}{12}\pi = \log \cos 30^0$ sein Werth gesetzt worden ist. Substituiren wir den jetzt bestimmten Werth von $\varDelta(\frac{3}{12})$ in die Relation zwischen $\varDelta(\frac{1}{12})$ und $\varDelta(\frac{5}{12})$ unter der Bemerkung, dass

$$2 \cos \tfrac{1}{12}\pi \sin \tfrac{1}{12}\pi = \sin \tfrac{2}{12}\pi = \tfrac{1}{2}$$

folglich

$$\log\cos\tfrac{1}{12}\pi = -2\log 2 - \log\sin\tfrac{1}{12}\pi$$

ist, so erhalten wir jetzt

$$\left.\begin{aligned}\Delta(\tfrac{1}{12}) - \Delta(\tfrac{5}{12}) = 2\Delta(\tfrac{1}{3}) - \tfrac{1}{2}\log\pi \\ - \tfrac{3}{2}\log 2 + \tfrac{1}{2}\log 3 - \log\sin\frac{\pi}{12}.\end{aligned}\right\} \quad (9)$$

Um eine zweite Relation zwischen $\Delta(\frac{1}{12})$ und $\Delta(\frac{5}{12})$ zu bekommen, setzen wir in der Formel (6) $\mu = \frac{1}{12}$ und nehmen beiderseits die Logarithmen; diess giebt

$$\Delta(\tfrac{1}{12}) + \Delta(\tfrac{5}{12}) + \Delta(\tfrac{9}{12}) = \Delta(\tfrac{3}{12}) + \tfrac{1}{4}\log 3 + \log 2 + \log\pi.$$

Es ist aber $\Delta(\frac{9}{12}) = \Delta(\frac{3}{4}) = \log\pi - \log\sin\frac{1}{4}\pi - \Delta(\frac{1}{4}) = \log\pi + \frac{1}{2}\log 2 - \Delta(\frac{1}{4})$ und jetzt wird

$$\Delta(\tfrac{1}{12}) + \Delta(\tfrac{5}{12}) = 2\Delta(\tfrac{1}{4}) + \tfrac{1}{2}\log 2 + \tfrac{1}{4}\log 3.$$

Aus dieser Gleichung und der in (9) verzeichneten lassen sich nun auch $\Delta(\frac{1}{12})$ und $\Delta(\frac{5}{12})$ bestimmen, vorausgesetzt, dass man $\Delta(\frac{1}{3})$ und $\Delta(\frac{1}{4})$ als schon bekannt ansieht. Das Endresultat ist dann folgendes:

$$\Delta(\tfrac{1}{12}) = \Delta(\tfrac{1}{4}) + \Delta(\tfrac{1}{3}) - \tfrac{1}{4}\log\pi - \tfrac{1}{2}\log 2 + \tfrac{3}{8}\log 3 - \tfrac{1}{2}\log\sin\frac{\pi}{12}$$

$$\Delta(\tfrac{2}{12}) = 2\Delta(\tfrac{1}{3}) - \tfrac{1}{2}\log\pi - \tfrac{1}{3}\log 2 + \tfrac{1}{2}\log 3$$

$$\Delta(\tfrac{3}{12}) = \Delta(\tfrac{1}{4})$$

$$\Delta(\tfrac{4}{12}) = \Delta(\tfrac{1}{3})$$

$$\Delta(\tfrac{5}{12}) = \Delta(\tfrac{1}{4}) - \Delta(\tfrac{1}{3}) + \tfrac{1}{4}\log\pi + \log 2 - \tfrac{1}{8}\log 3 + \tfrac{1}{2}\log\sin\frac{\pi}{12}$$

$$\Delta(\tfrac{6}{12}) = \tfrac{1}{2}\log\pi$$

$$\Delta(\tfrac{7}{12}) = \Delta(\tfrac{1}{3}) - \Delta(\tfrac{1}{4}) + \tfrac{3}{4}\log\pi + \log 2 + \tfrac{1}{8}\log 3 + \tfrac{1}{2}\log\sin\frac{\pi}{12}$$

$$\Delta(\tfrac{8}{12}) = -\Delta(\tfrac{1}{3}) + \log\pi + \log 2 - \tfrac{1}{2}\log 3$$

$$\Delta(\tfrac{9}{12}) = -\Delta(\tfrac{1}{4}) + \log\pi + \tfrac{1}{2}\log 2$$

$$\Delta(\tfrac{10}{12}) = -2\Delta(\tfrac{1}{3}) + \tfrac{3}{2}\log\pi + \tfrac{4}{3}\log 2 - \tfrac{1}{2}\log 3$$

$$\Delta(\tfrac{11}{12}) = -\Delta(\tfrac{1}{4}) - \Delta(\tfrac{1}{3}) + \tfrac{5}{4}\log\pi + \tfrac{1}{2}\log 2 - \tfrac{3}{8}\log 3 - \tfrac{1}{2}\log\sin\frac{\pi}{12}.$$

Sowie es nun in diesem Beispiele noch auf die Berechnung von $\varDelta(\frac{1}{3})$ und $\varDelta(\frac{1}{4})$ ankommt, ebenso wird in jedem Falle unter den Funktionen $\varDelta\left(\frac{1}{n}\right)$, $\varDelta\left(\frac{2}{n}\right)$, $\varDelta\left(\frac{3}{n}\right)$, ... eine Anzahl übrig bleiben, welche direkt aufgesucht werden müssen. Hierzu dient nun folgender Kunstgriff. Es war

$$\left.\begin{array}{c} l\Gamma(1+\mu) = \frac{1}{2}l\left(\frac{\mu\pi}{\sin\mu\pi}\right) - C\mu - \frac{1}{3}S_3\mu^3 - \frac{1}{5}S_5\mu^5 - \ldots.. \\ 1 > \mu > 0 \end{array}\right\} \quad (10)$$

wobei $C = 0.5772156\ldots$ und $S_n = \frac{1}{1^n} + \frac{1}{2^n} + \ldots.$ war. Hieraus geht hervor, dass die Grössen S sich fortwährend der Einheit nähern und folglich die Reihe in ihren entfernten Gliedern etwas weniger als die folgende

$$\mu + \tfrac{1}{3}\mu^3 + \tfrac{1}{5}\mu^5 + \ldots.$$

convergiren wird. Dieser für die praktische Berechnung nicht sehr vortheilhafte Umstand lässt sich leicht dadurch beseitigen, dass man zu der Gleichung (10) die nachstehende

$$0 = -\tfrac{1}{2}l\left(\frac{1+\mu}{1-\mu}\right) + \mu + \tfrac{1}{3}\mu^3 + \tfrac{1}{5}\mu^5 + \ldots.$$

addirt, wodurch man

$$\begin{aligned} l\Gamma(1+\mu) = \tfrac{1}{2}l\left(\frac{\mu\pi}{\sin\mu\pi}\right) &- \tfrac{1}{2}l\left(\frac{1+\mu}{1-\mu}\right) \\ &+ (1-C)\mu - \tfrac{1}{3}(S_3-1)\mu^3 - \tfrac{1}{5}(S_5-1)\mu^5 - \ldots. \end{aligned}$$

und auf der rechten Seite eine ungleich stärkere convergirende Reihe erhält. Multiplizirt man noch, um die natürlichen Logarithmen in Briggische zu verwandeln, mit dem Modulus $M = 0,43429448190\ldots$ und setzt zur Abkürzung

$$M(1-C) = T_1\,, \quad \frac{1}{n}(S_n - 1) = T_n \quad (n > 1)$$

so ergiebt sich die sehr brauchbare Formel:

$$\left.\begin{aligned} \log \Gamma(1+\mu) &= \tfrac{1}{2}\log\left(\frac{\mu\pi}{\sin\mu\pi}\right) - \tfrac{1}{2}\log\left(\frac{1+\mu}{1-\mu}\right) \\ &\quad + T_1\mu - T_3\mu^3 - T_5\mu^5 - \ldots\ldots \end{aligned}\right\} \quad (11)$$

mittelst deren sich leicht $\log \Gamma(1+\mu) = \mathcal{A}(1+\mu)$ und ebenso $\mathcal{A}(\mu) = \mathcal{A}(1+\mu) - \log\mu$ bestimmen lässt. Zur möglichsten Erleichterung dieser Rechnung dient die nachstehende Tabelle der Werthe von T, welche eine für das praktische Bedürfniss mehr als hinreichende Ausdehnung besitzt.

n	T_n	$\log T_n$
1	0.18361 29037 6840	9.26390 31988 6135
3	0.02925 07326 917	8.46613 67490 379
5	0.00320 75040 58	7.50616 72144
7	0.00051 80064 42	6.71433 51608
9	0.00009 69148 80	5.98639 04633
11	0.00001 95112 17	5.29028 43534
13	0.00000 40995 17	4.61273 27627
15	0.00000 08856 20	3.94724 74888

Berechnet man mit diesen Hülfsmitteln z. B. $\mathcal{A}(\frac{1}{3})$ und $\mathcal{A}(\frac{1}{4})$, so lässt sich nach den früher entwickelten Relationen zwischen $\mathcal{A}(\frac{1}{12})$, $\mathcal{A}(\frac{2}{12})$ etc. folgende Tafel aufstellen:

μ	$\log \Gamma(\mu)$	$\log \Gamma(1+\mu)$
$\frac{1}{12}$	1.06067 62454 1387	9.98149 49993 6625
$\frac{2}{12}$	0.74556 78577 5330	9.96741 66073 6966
$\frac{3}{12}$	0.55938 10750 4347	9.95732 10837 1551
$\frac{4}{12}$	0.42796 27493 1426	9.95084 14945 9460
$\frac{5}{12}$	0.32788 12161 8498	9.94766 99744 7338
$\frac{6}{12}$	0.24857 49363 4707	9.94754 49406 8309
$\frac{7}{12}$	0.18432 48784 0648	9.95024 16723 7311
$\frac{8}{12}$	0.13165 64916 8402	9.95556 52326 2834
$\frac{9}{12}$	0.08828 37954 8265	9.96334 50588 7435
$\frac{10}{12}$	0.05261 20106 0482	9.97343 07645 5719
$\frac{11}{12}$	0.02347 73967 1089	9.98568 88358 2149

Dieser Tafel ganz ähnlich ist die grössere von Légendre für $n = 1000$ berechnete, aus welcher sich unmittelbar die Werthe von $\log \Gamma(1 + \frac{1}{1000})$, $\log \Gamma(1 + \frac{2}{1000})$ u. s. w. entnehmen lassen. Ueber die Einrichtung und den Gebrauch dieses für die praktischen Anwendungen völlig ausreichenden Canons mögen hier die nöthigen Andeutungen und diesen die fragliche Zahlenreihe selbst folgen.

Bezeichnen wir wie bisher $\log \Gamma$ mit $\varLambda$ und die Differenz 0.001 mit ω, so giebt die Colonne mit der Ueberschrift $\log \Gamma(a)$ unmittelbar die Werthe von $\varLambda(a)$ für das Intervall $a = 1$ bis $a = 2$ von Tausendtheil zu Tausendtheil; dahinter stehen die drei ersten Differenzenreihen von $\varLambda(a)$, so dass also in einer Horizontallinie die Grössen

$$a, \; \varLambda(a), \; \Delta \varLambda(a), \; \Delta^2 \varLambda(a), \; \Delta^3 \varLambda(a)$$

nebeneinander liegen. Dabei ist

$$\begin{aligned} \Delta \varLambda(a) &= \varLambda(a+\omega) - \varLambda(a) \\ \Delta^2 \varLambda(a) &= \Delta \varLambda(a+\omega) - \Delta \varLambda(a) \\ &= \varLambda(a+2\omega) - 2\varLambda(a+\omega) + \varLambda(a) \\ \Delta^3 \varLambda(a) &= \Delta^2 \varLambda(a+\omega) - \Delta^2 \varLambda(a) \\ &= \varLambda(a+3\omega) - 3\varLambda(a+2\omega) + 3\varLambda(a+\omega) - \varLambda(a) \end{aligned}$$

indem ω die constante Differenz des Argumentes a bezeichnet. Die Differenzen $\Delta \varLambda(a)$, $\Delta^2 \varLambda(a)$, $\Delta^3 \varLambda(a)$ bieten ein leichtes Mittel zur Controlle der Tafel selbst dar, indem sich durch ihre Prüfung etwaige Fehler derselben leicht entdecken lassen und es ist daher beim Gebrauche der Tafel immer anzurathen, jede angegebene Differenz durch wirkliche Subtraktion vorerst zu verifiziren. In Bezug auf die Vorzeichen der 3 Differenzen muss man sich merken, dass $\Delta \varLambda(a)$ negativ ist von $a = 1.000$ bis $a = 1.461$ und positiv von $a = 1.462$ bis $a = 2.000$, ferner $\Delta^2 \varLambda(a)$ positiv und $\Delta^3 \varLambda(a)$ negativ während des ganzen Intervalles $a = 1$ bis $a = 2$. Nach diesen allgemeinen Bemerkungen gehen wir nun zur Lösung der verschiedenen Aufgaben über, welche der Gebrauch der Tafel von selbst mit sich bringt.

1. Will man zu einer Zahl, welche selbst nicht unter der Rubrik a steht, aber zwischen zwei daselbst vorkommenden Zahlen liegt, das zugehörige $\varLambda(a)$ finden, so ergiebt sich die Regel für eine solche Interpolation aus einem sehr bekannten Theoreme, welches man

den Taylor'schen Satz für Differenzen genannt hat; nach demselben ist nämlich wenn ω das Inkrement von a bezeichnet

$$\varphi(a+h) = \varphi(a) + \frac{h}{1}\,\frac{\Delta\varphi(a)}{\omega} + \frac{h(h-\omega)}{1\,.\,2}\,\frac{\Delta^2\varphi(a)}{\omega^2} + \dots\dots$$

$$\dots + \frac{h(h-\omega)(h-2\omega)\dots(h-\overline{n-1}\,\omega)}{1\,.\,2\,\dots\dots\,n}\,\frac{\Delta^n\varphi(a)}{\omega^n}$$

$$+ \frac{h(h-\omega)(h-2\omega)\dots\dots(h-n\omega)}{1\,.\,2\,.\,3\,\dots\dots\,n}\,\frac{\Delta^n\Psi(a)}{\omega^n}.$$

Setzen wir hier $h = p\omega$, wo ω die vorhin angegebene Bedeutung hat und $\varphi(x) = \varDelta(x)$, so wird

$$\varDelta(a+p\omega) = \varDelta(a) + \frac{p}{1}\,\Delta\varDelta(a) + \frac{p(p-1)}{1\,.\,2}\,\Delta^2\varDelta(a) + \dots\dots$$

$$\dots + \frac{p(p-1)\dots(p-n+1)}{1\,.\,2\,\dots\dots\,n}\,\Delta^n\varDelta(a)$$

$$+ \omega\,\frac{p(p-1)\dots\dots(p-n)}{1\,.\,2\,\dots\dots\,n}\,\Delta^n\Psi(a).$$

Ist nun a eines von den in der Tafel vorkommenden Argumenten, so kennt man $\varDelta(a)$ und $\varDelta(a+\omega)$, und wenn man dazwischen $\varDelta(a+p\omega)$ einschalten will, so muss $1 > p > 0$ sein. Berücksichtigen wir noch, dass bereits $\Delta^3\varDelta(a)$ innerhalb unserer Tafel $< \frac{1}{10^9}$, so erhellt leicht, dass die Glieder der obigen Reihe, welche $\Delta^4\varDelta(a)$, $\Delta^5\varDelta(a)$ etc. enthalten, keinen Einfluss auf die 12te Dezimalstelle ausüben würden und dass wir folglich für unseren Fall

$$\varDelta(a+p\omega) = \varDelta(a) + \frac{p}{1}\,\Delta\varDelta(a) + \frac{p(p-1)}{1\,.\,2}\,\Delta^2\varDelta(a)$$

$$+ \frac{p(p-1)(p-2)}{1\,.\,2\,.\,3}\,\Delta^3\varDelta(a)$$

setzen dürfen. Bezeichnen wir zur Abkürzung wie folgt

$$\varDelta(a) = \log\Gamma(a) = A$$

$$\varDelta(a+p\omega) = \log\Gamma(a+p\omega) = B$$

so können wir die obige Gleichung in der Form

$$B = A + p\left\{\Delta A + \frac{p-1}{2}\left(\Delta^2 A + \frac{p-2}{3}\Delta^3 A\right)\right\} \tag{12}$$

darstellen und hieraus ergiebt sich sogleich folgende Regel: „Um zu einer Zahl b zwischen 1 und 2 die zugehörige Funktion $\log\Gamma(b) = B$ zu finden, suche man zuerst die in der Tafel vorkommende nächst kleinere Zahl a und die zugehörigen Zahlen A, ΔA, $\Delta^2 A$, $\Delta^3 A$. Man bestimme darauf die Zahl p mittelst der Formel

$$p = \frac{b-a}{\omega} = \frac{b-a}{1000}$$

und bilde daraus (natürlich mit gehöriger Rücksicht auf die Vorzeichen) den Ausdruck $\Delta^2 A - \frac{1}{3}(2-p)\Delta^3 A$, welcher die zweite corrigirte Differenz von A etwa $\Theta^2 A$ heissen möge, berechne ferner die Grösse $\Delta A - \frac{1}{2}(1-p)\Theta^2 A$: die erste corrigirte Differenz von A, in Zeichen: ΘA, so ist dann $B = A + p\Theta A$.“ Z. B. für $b = 1\frac{1}{12} = 1.083333\ldots$ wird $a = 1.083$, und

A	ΔA	$\Delta^2 A$	$\Delta^3 A$
9.981 559 875 655	— 194 416 822	635 664	— 838

wobei in den Differenzen die vorhergehenden 0.000 ... weggelassen worden sind. Ferner wird $p = \frac{1}{3}$ und daraus ergiebt sich der Reihe nach

$$\begin{aligned} \Theta^2 A &= \Delta^2 A - \tfrac{5}{9}\Delta^3 A = && 636\ 130, \\ \Theta A &= \Delta A - \tfrac{1}{3}\Theta^2 A = - && 194\ 628\ 865, \\ B &= A + \tfrac{1}{3}\Theta A = && 9.981\ 494\ 999\ 367, \end{aligned}$$

und diess stimmt in der That mit dem früher gefundenen Werthe von $\log\Gamma(1\frac{1}{12})$ überein. Hiernach hat es also nicht die mindeste Schwierigkeit für jedes zwischen 1 und 2 liegende b das zugehörige $\log\Gamma(b) = B$, und zufolge der früheren Bemerkung überhaupt zu jedem b das entsprechende B auf 12 Dezimalstellen anzugeben.

2. Will man umgekehrt zu einer Funktion B, welche selbst nicht in der Tafel steht, aber zwischen zwei daselbst vorkommenden Funktionen enthalten ist, das zugehörige Argument b suchen, so schlage

man zuerst die nächst kleinere Funktion A auf und lese ihr Argument a ab. Um hierauf $b = a + p\omega$ zu bestimmen, muss man in der Gleichung

$$B - A = p\left\{\Delta A - \frac{1-p}{2}\left(\Delta^2 A - \frac{2-p}{3}\Delta^3 A\right)\right\}$$

p als Unbekannte ansehen und die Gleichung selbst nach p auflösen. Diess kann auf folgende Weise geschehen. Man vernachlässige das wegen des ächtgebrochenen p sehr kleine Glied

$$\frac{p(1-p)(2-p)}{1.2.3}\Delta^3 A$$

und schreibe also

$$D = p\left\{\Delta A - \frac{1-p}{2}\Delta^2 A\right\} \tag{13}$$

wobei D zur Abkürzung für $B - A$ dient. Es ist dann

$$p = \frac{D}{\Delta A - \frac{1}{2}(1-p)\Delta^2 A} \tag{14}$$

woraus man mit Vernachlässigung des negativen Gliedes im Nenner einen ersten Näherungswerth für p nämlich $D : \Delta A$ findet, der in die Formel selbst substituirt wieder einen zweiten giebt. Formirt man mit Hülfe dieses letzteren, der p' heissen möge, eine Zahl D' nach der Formel

$$D' = p'\left\{\Delta A - \frac{1-p'}{2}\Delta^2 A\right\} \tag{15}$$

so erhält man durch Subtraktion von (13)

$$D - D' = (p - p')\Delta A - \tfrac{1}{2}(p - p')\Delta^2 A + \tfrac{1}{2}(p + p')(p - p')\Delta^2 A$$

oder wenn man p' für $\frac{1}{2}(p + p')$ setzt

$$p - p' = \frac{D - D'}{\Delta A + (p' - \frac{1}{2})\Delta^2 A} \tag{16}$$

woraus sich dann der genauere Werth von p findet. Sei z. B. B = 9.950 241 672 373, so ist die zunächst kommende Funktion nebst ihren Differenzen:

A	ΔA	$\Delta^2 A$
9.950 225 531 586	48 548 340	377 764

und ihr entspricht das Argument $a = 1.583$. Ferner ist $D = B - A = 16\,140\,787$ und hieraus findet man als Näherungswerth $p' = 0.333$. Nach Formel (15) wird ferner

$$D' = 16\ 124\ 625$$

$$D - D' = 16\ 162$$

$$\Delta A + (p' - \tfrac{1}{2})\Delta^2 A = 48\ 485\ 264$$

$$p - p' = \frac{16\ 162}{48\ 485\ 264} = 0.000\ 333\ 34$$

folglich vermöge des Werthes von p'

$$p = 0.333\ 333\ 34\,.$$

Da endlich $b = a + p\omega = a + \frac{\omega}{1000}$ ist, so ergiebt sich für das gesuchte Argument b der Werth $1.583\,333\,333\,34 = 1\tfrac{7}{12}$, was mit der früheren Angabe von $\log \Gamma(1\tfrac{7}{12})$ übereinstimmt. Uebrigens giebt es noch einen zweiten Werth von b, welcher der Gleichung $\log \Gamma(b) = 9.950\ldots$ genügt, und dieser liegt zwischen 1.344 und 1.345. Für $a = 1.344$ ist nämlich

A	ΔA	$\Delta^2 A$
9.950 256 821 818	− 52 058 495	470 189

und als Näherungswerth für p findet sich $p' = 0.290$. Ferner hat man

$$D = -\ 15\ 149\ 445$$

$$D' = -\ 15\ 145\ 397$$

$$D - D' = -\ 4\ 048$$

$$\Delta A + (p' - \tfrac{1}{2})\Delta^2 A = -\ 52\ 157\ 235$$

$$p - p' = \frac{4048}{52\ 157\ 235} = 0.000\ 077\ 61$$

und folglich $$b = a + \frac{p}{1000} = 1.344\ 290\ 077\ 61\,.$$

Ganz ähnlich ist das Verfahren in dem Falle, wo die gegebene Funktion B nicht in den Tafeln steht. Hier muss man durch Versuche das nächstliegende A mit seinem zugehörigen Argumente a ausmitteln und die Differenzen ΔA, $\Delta^2 A$ selbst berechnen; von dieser Stelle an bleibt sich aber die Rechnung gleich. Verlangt man z. B. dasjenige b, für welches $\Gamma(b) = \pi$, also $\log \Gamma(b) = 0.497\ 149\ 872\ 694$ ist, so findet man durch einige Versuche, dass b zwischen 3.448 und 3.449 liegt; denn man erhält mit Hülfe der Formel $\log \Gamma(\mu + 2) = \log \mu + \log(\mu+1) + \log \Gamma(\mu+1)$ für $\mu = 0.448$

$$\Gamma(3.448) = 0.496\ 858\ 362\ 178$$

ferner für $\mu = 0.449$, $\mu = 0.450$

$$\Gamma(3.449) = 0.497\ 330\ 005\ 160$$

$$\log \Gamma(3.450) = 0.497\ 801\ 794\ 051$$

und hieraus ergeben sich die Differenzen

$$\Delta A = 0.000\ 471\ 642\ 982$$

$$\Delta^2 A = 145\ 909$$

als Näherungswerth für p findet man $p' = 0.6181$,

$$D = 291\ 510\ 516$$

$$D' = 291\ 505\ 306$$

$$D - D' = 5\ 210$$

$$\Delta A + (p' - \tfrac{1}{2})\Delta^2 A = 471\ 625\ 750$$

$$p - p' + \frac{5210}{471\ 625\ 750} = 0.000\ 011\ 047$$

woraus $p = 0.618\ 111\ 047$ und $b = 3.448\ 618\ 111\ 047$ folgt.

Die zweite Wurzel der Gleichung $\Gamma(b) = \pi$ ist $b = 0.286\ 3641$, wie man auf demselben Wege findet.

Die Tabelle für $\log \Gamma(a) = \Lambda(a)$ kann übrigens auch zur Entwickelung der Werthe von $\frac{d\Lambda(a)}{da}$, $\frac{d^2 \Lambda(a)}{da^2}$, ... benutzt werden und diess ist in so fern wichtig, als diese Transscendenten nicht selten vorkommen. Differenziren wir nämlich die Gleichung

$$\Lambda(a+p\omega) = \Lambda(a) + \frac{p}{1}\Delta\Lambda(a) + \frac{p(p-1)}{1.2}\Delta^2\Lambda(a)$$
$$+ \frac{p(p-1)(p-2)}{1.2.3}\Delta^3\Lambda(a)$$

oder für $a + p\omega = b$, $\varDelta(a) = A$, $\varDelta(a + p\omega) = B$,

$$B = A + p\varDelta A + \tfrac{1}{2}(p^2 - p)\varDelta^2 A + \tfrac{1}{6}(p^3 - 3p^2 + 2p)\varDelta^3 A$$

in Bezug auf p und bemerken dabei, dass vermöge der Gleichung $a + p\omega = b$, $\omega\, dp = db$, folglich

$$\frac{dB}{dp} = \frac{dB}{db}\cdot\frac{db}{dp} = \frac{dB}{db}\cdot\omega$$

ist, so ergeben sich ohne Mühe die Gleichungen

$$\left.\begin{aligned}\omega\frac{dB}{db} &= \varDelta A + (p - \tfrac{1}{2})\varDelta^2 A + (\tfrac{1}{2}p^2 - p + \tfrac{1}{3})\varDelta^3 A\\ \omega^2\frac{d^2 B}{db^2} &= \varDelta^2 A + (p-1)\varDelta^3 A\\ \omega^3\frac{d^3 B}{db^3} &= \varDelta^3 A.\end{aligned}\right\}\quad(17)$$

Diese Formeln dienen zur unmittelbaren Bestimmung von

$$\frac{d\log\Gamma(b)}{db},\quad \frac{d^2\log\Gamma(b)}{db^2},\quad \frac{d^3\log\Gamma(b)}{db^3}$$

vorausgesetzt, dass b zwischen 1 und 2 liegt, und wie immer $\omega = 0.001$ ist. Man nimmt dann aus den Tafeln das nächst kleinere Argument a und die zugehörigen $\varDelta A$, $\varDelta^2 A$, $\varDelta^3 A$, bestimmt darauf p mittelst der Formel $\frac{b-a}{\omega} = p$ und kann jetzt die obigen Formeln anwenden. Wäre noch $p = 0$, also $B = A$, $b = a$, d. h. steht das Argument unmittelbar in den Tafeln, so hat man einfacher

$$\left.\begin{aligned}\omega\frac{dA}{da} &= \varDelta A - \tfrac{1}{2}\varDelta^2 A + \tfrac{1}{3}\varDelta^3 A\\ \omega^2\frac{d^2 A}{da^2} &= \varDelta^2 A - \varDelta^3 A\\ \omega^3\frac{d^3 A}{da^3} &= \varDelta^3 A.\end{aligned}\right\}\quad(18)$$

Um endlich zu einer Zahl, welche ausserhalb der Gränzen 1 und 2 liegt, die zugehörigen Differenzialquotienten zu finden, zerlege man sie in eine ganze Zahl n und eine andere Zahl b, welche zwischen 1 und 2 enthalten ist. Man hat dann

$$\log \Gamma(b+n) = \log b + \log(b+1) + \ldots + \log(b+n-1) + \log \Gamma(b)$$

folglich

$$\frac{d \log \Gamma(b+n)}{db} = M\left\{\frac{1}{b} + \frac{1}{b+1} + \ldots + \frac{1}{b+n-1}\right\} + \frac{dB}{db}$$

$$\frac{d^2 \log \Gamma(b+n)}{db^2} = -M\left\{\frac{1}{b^2} + \frac{1}{(b+1)^2} + \ldots + \frac{1}{(b+n-1)^2}\right\} + \frac{d^2 B}{db^2}$$

$$\frac{d^3 \log \Gamma(b+n)}{db^3} = 2M\left\{\frac{1}{b^3} + \frac{1}{(b+1)^3} + \ldots + \frac{1}{(b+n-1)^3}\right\} + \frac{d^3 B}{db^3}$$

wobei M den Modulus der Briggischen Logarithmen bezeichnet. Da nun die Grössen auf der rechten Seite sämmtlich bekannt sind, so erhält man hieraus leicht die Werthe der Differenzialquotienten von $\log \Gamma(b+n)$.

Um diese Regeln durch Beispiele zu erläutern und den Grad der Genauigkeit, welchen die Rechnung bietet, zu erkennen, nehmen wir zuerst $a = 1.500$ in der einfachen Formel (18). Es wird dann

$$\Delta A = 16\,050\,324\,, \quad \Delta^2 A = 405\,620\,, \quad \Delta^3 A = -\,359$$

und daraus erhält man

$$\frac{dA}{da} = 0.015\,847\,394\,, \quad \frac{d^2 A}{da^2} = 0.405\,979$$

$$\frac{d^3 A}{da^3} = -\,0.359\,.$$

Das erste dieser Resultate ist leicht zu verifiziren. Setzt man nämlich in der Formel

$$\frac{d\,l\Gamma(1+\mu)}{d\mu} = -\,C + \int_0^1 \frac{1-x^\mu}{1-x}\,dx \qquad (19)$$

$\mu = \frac{1}{2}$, multiplizirt beiderseits mit dem Modulus M und nimmt $x = z^2$, so wird

$$\frac{dA}{da} = -\,MC + 2M\int_0^1 \frac{1-z}{1-z^2}\,z\,dz$$

$$= -\,MC + 2M - 2M\,l2 = M + M(1-C) - \log 4$$

und hieraus erhält man vermöge des bekannten Werthes $M(1-C) = T_1$,

$$\frac{dA}{da} = 0.015\,847\,394\,343\,69$$

was mit dem Obigen auf 9 Dezimalstellen übereinstimmt.

Ebenso leicht ist es, mittelst der Formel (17) für $b = 1.33333\ldots$ die Differenzialquotienten von $\log \Gamma(1+\frac{1}{3})$ zu berechnen. Hier ist $a = 1.333$ und $p = \frac{1}{3}$

$$\Delta A = -57\,262\,267\,, \quad \Delta^2 A = 475\,486\,, \quad \Delta^3 A = -483$$

und mittelst der Formeln (18) erhält man hieraus

$$\frac{dB}{db} = -0.057\,341\,541\,5$$

$$\frac{d^2B}{db^2} = 0.475\,808$$

$$\frac{d^3B}{db^3} = -0.483\,.$$

Das erste Resultat lässt sich hier wieder durch die Formel (19) controlliren, indem man $\mu = \frac{1}{3}$ setzt, woraus man für $M(1-C) = T_1$

$$\frac{dB}{db} = T_1 + 2M - \tfrac{1}{2}\log 27 - \frac{M\pi}{12}$$

$$= -0.057\,341\,542\,008\,65$$

findet, was wieder sehr gut übereinstimmt. Ueberhaupt giebt die Bestimmung von $\frac{dB}{db}$ immer wenigstens 8 richtige Dezimalstellen, die von $\frac{d^2B}{db^2}$ giebt deren wenigstens 5 und endlich die von $\frac{d^3B}{db^3}$ nur 2 bis 3. Bei der nicht unbedeutenden Genauigkeit, welche die erste dieser Zahlen besitzt, kann man von ihr einen vortheilhaften Gebrauch zur Verwerthung des Integrales

$$S = \int_0^1 \frac{1-x^\mu}{1-x}\,dx$$

machen. Dasselbe lässt sich zwar für jedes rationale μ auf logarithmische und cyklometrische Funktionen reduziren, aber diese würden oft zu verwickelt ausfallen, als dass sie eine bequeme numerische Rechnung gestatteten. Wäre aber μ irrational, so müsste man sich doch wieder mit Näherungen behelfen. Kürzer kommt man hier immer mittelst der aus der Gleichung (19) folgenden Formel

$$S = C + \frac{1}{M} \frac{d \log \Gamma(1+\mu)}{d\mu}$$

zum Ziele, wobei $\frac{1}{M} = 2.302585092994$ ist.

Wir wollen von den so eben entwickelten Regeln schliesslich noch eine Anwendung mittheilen, die nicht ohne Interesse sein wird, nämlich die Bestimmung desjenigen Werthes $\mu = b$, für welchen die Funktion $\Gamma(\mu)$ und ebenso $\log \Gamma(\mu)$ innerhalb des Intervalles $\mu = 1$ bis $\mu = 2$ ihr Minimum erreicht. Die Tafel selbst zeigt, dass dieser Werth zwischen 1.461 und 1.462 liegt und dass man demnach für $a = 1.461$, $b = a + \varepsilon$ setzen darf, wo ε eine noch hinzuzufügende Correktion bezeichnet. Ferner giebt die Tafel

$$\Delta \log \Gamma(a) = -\ 0.000\ 000\ 055\ 554$$
$$\Delta^2 \log \Gamma(a) = +\ 420\ 113$$
$$\Delta^3 \log \Gamma(a) = -\ 383$$

und hieraus erhält man mit Hülfe der Formeln (18)

$$\frac{d \log \Gamma(a)}{da} = -\ 0.000\ 265\ 737$$
$$\frac{d^2 \log \Gamma(a)}{da^2} = +\ 0.420\ 496$$
$$\frac{d^3 \log \Gamma(a)}{da^3} = -\ 0.383 .$$

Um nun ε zu bestimmen, halten wir uns an den Taylor'schen Satz, wonach

$$\log \Gamma(a+\varepsilon) = \log \Gamma(a) + \frac{d \log \Gamma(a)}{da} \frac{\varepsilon}{1} + \frac{d^2 \log \Gamma(a)}{da^2} \frac{\varepsilon^2}{1.2}$$
$$+ \frac{d^3 \log \Gamma(a)}{da^3} \cdot \frac{\varepsilon^3}{1.2.3} + \ldots\ldots \qquad (20)$$

ist, wenigstens in der Nachbarschaft von a, wegen der Stetigkeit und Endlichkeit von $\log\Gamma(a)$ und ihren Differenzialquotienten in jener Gegend. Da $\varepsilon < \frac{1}{1000}$ ist, so können wir ε^4, ε^5 etc. weglassen und erhalten jetzt, wenn wir in Bezug auf ε differenziren, wobei links $d\varepsilon = d(b-a) = db$ zu setzen ist

$$\frac{d\log\Gamma(b)}{db} = \frac{d\log\Gamma(a)}{da} + \frac{d^2\log\Gamma(a)}{da^2}\varepsilon + \tfrac{1}{2}\frac{d^3\log\Gamma(a)}{da^3}\varepsilon^2.$$

Soll nun b das dem Minimum von $\log\Gamma(b)$ entsprechende Argument sein, so muss sich die linke Seite annulliren und daraus ergiebt sich

$$0 = -0.000\,265\,737 + (0.420\,496)\varepsilon - \tfrac{1}{2}(0.383)\varepsilon^2.$$

Durch Auflösung dieser quadratischen Gleichung findet man

$$\varepsilon = 0.000\,632\,1$$

und mithin weil $b = a + \varepsilon$ war

$$b = 1.461\,632\,1.$$

Substituiren wir noch den Werth von ε in die Gleichung (20), so erhalten wir $\log\Gamma(a+\varepsilon)$, d. h.

$$\log\Gamma(b) = 9.947\,2392.$$

Innerhalb des Intervalles $\mu = 1$ bis $\mu = 2$ erreicht also die Funktion $\Gamma(\mu)$ für $\mu = 1.461\,6321$ ihr Minimum $\Gamma(\mu) = 0.885\,6032$.

Tafel

der

Logarithmen der Gammafunktionen

von 1.000 *bis* 2.000.

a	*log Γ(a)*	*diff I*	*II*	*III*
1.000	0.000 000 000 000	250 324 559	713 343	1039
1.001	9.999 749 675 441	249 611 216	712 304	1038
1.002	9.999 500 064 225	248 898 912	711 266	1034
1.003	9.999 251 165 313	248 187 646	710 232	1031
1.004	9.999 002 977 667	247 477 414	709 201	1030
1.005	9.998 755 500 253	246 768 213	708 171	1024
1.006	9.998 508 732 040	246 060 042	707 147	1025
1.007	9.998 262 671 998	245 352 895	706 122	1020
1.008	9.998 017 319 103	244 646 773	705 102	1018
1.009	9.997 772 672 330	243 941 671	704 084	1014
1.010	9.997 528 730 659	243 237 587	703 070	1014
1.011	9.997 285 493 072	242 534 517	702 056	1008
1.012	9.997 042 958 555	241 832 461	701 048	1008
1.013	9.996 801 126 094	241 131 413	700 040	1004
1.014	9.996 559 994 681	240 431 373	699 036	1002
1.015	9.996 319 563 308	239 732 337	698 034	998
1.016	9.996 079 830 971	239 034 303	697 036	998
1.017	9.995 840 796 668	238 337 267	696 038	992
1.018	9.995 602 459 401	237 641 229	695 046	992
1.019	9.995 364 818 172	236 946 183	694 054	989
1.020	9.995 127 871 989	236 252 129	693 065	985
1.021	9.994 891 619 860	235 559 064	692 080	983
1.022	9.994 656 060 796	234 866 984	691 097	982
1.023	9.994 421 193 812	234 175 887	690 115	977
1.024	9.994 187 017 925	233 485 772	689 138	975
1.025	9.993 953 532 153	232 796 634	688 163	974
1.026	9.993 720 735 519	232 108 471	687 189	971
1.027	9.993 488 627 048	231 421 282	686 218	967
1.028	9.993 257 205 766	230 735 064	685 251	966
1.029	9.993 026 470 702	230 049 813	684 285	962
1.030	9.992 796 420 889	229 365 528	683 323	961
1.031	9.992 567 055 361	228 682 205	682 362	957
1.032	9.992 338 373 156	227 999 843	681 405	956
1.033	9.992 110 373 313	227 318 438	680 449	954
1.034	9.991 883 054 875	226 637 989	679 495	948
1.035	9.991 656 416 886	225 958 494	678 547	950
1.036	9.991 430 458 392	225 279 947	677 597	945
1.037	9.991 205 178 445	224 602 350	676 652	942
1.038	9.990 980 576 095	223 925 698	675 710	942
1.039	9.990 756 650 397	223 249 988	674 768	938
1.040	9.990 533 400 409	222 575 220	673 830	935

a	*log Γ(a)*	*diff I*	*II*	*III*
1.041	9.990 310 825 189	221 901 390	672 895	934
1.042	9.990 088 923 799	221 228 495	671 961	930
1.043	9.989 867 695 304	220 556 534	671 031	929
1.044	9.989 647 138 770	219 885 503	670 102	927
1.045	9.989 427 253 267	219 215 401	669 175	923
1.046	9.989 208 037 866	218 546 226	668 252	922
1.047	9.988 989 491 640	217 877 974	667 330	918
1.048	9.988 771 613 666	217 210 644	666 412	918
1.049	9.988 554 403 022	216 544 232	665 494	914
1.050	9.988 337 858 790	215 878 738	664 580	911
1.051	9.988 121 980 052	215 214 158	663 669	911
1.052	9.987 906 765 894	214 550 489	662 758	908
1.053	9.987 692 215 405	213 887 731	661 850	904
1.054	9.987 478 327 674	213 225 881	660 946	902
1.055	9.987 265 101 793	212 564 935	660 044	902
1.056	9.987 052 536 858	211 904 891	659 142	898
1.057	9.986 840 631 967	211 245 749	658 244	896
1.058	9.986 629 386 218	210 587 505	657 348	893
1.059	9.986 418 798 713	209 930 157	656 455	893
1.060	9.986 208 868 556	209 273 702	655 562	887
1.061	9.985 999 594 854	208 618 140	654 675	888
1.062	9.985 790 976 714	207 963 465	653 787	886
1.063	9.985 583 013 249	207 309 678	652 901	880
1.064	9.985 375 703 571	206 656 777	652 021	882
1.065	9.985 169 046 794	206 004 756	651 139	878
1.066	9.984 963 042 038	205 353 617	650 261	876
1.067	9.984 757 688 421	204 703 356	649 385	873
1.068	9.984 552 985 065	204 053 971	648 512	871
1.069	9.984 348 931 094	203 405 459	647 641	871
1.070	9.984 145 525 635	202 757 818	646 770	866
1.071	9.983 942 767 817	202 111 048	645 904	865
1.072	9.983 740 656 769	201 465 144	645 039	863
1.073	9.983 539 191 625	200 820 105	644 176	861
1.074	9.983 338 371 520	200 175 929	643 315	859
1.075	9.983 138 195 591	199 532 614	642 456	855
1.076	9.982 938 662 977	198 890 158	641 601	855
1.077	9.982 739 772 819	198 248 557	640 746	852
1.078	9.982 541 524 262	197 607 811	639 894	851
1.079	9.982 343 916 451	196 967 917	639 043	846
1.080	9.982 146 948 534	196 328 874	638 197	848

a	log Γ(a)	diff I	II	III
1.081	9.981 950 619 660	195 690 677	637 349	843
1.082	9.981 754 928 983	195 053 328	636 506	842
1.083	9.981 559 875 655	194 416 822	635 664	838
1.084	9.981 365 458 833	193 781 158	634 826	839
1.085	9.981 171 677 675	193 146 332	633 987	836
1.086	9.980 978 531 343	192 512 345	633 151	833
1.087	9.980 786 018 998	191 879 194	632 318	830
1.088	9.980 594 139 804	191 246 876	631 488	831
1.089	9.980 402 892 928	190 615 388	630 657	828
1.090	9.980 212 277 540	189 984 731	629 829	824
1.091	9.980 022 292 809	189 354 902	629 005	822
1.092	9.979 832 937 907	188 725 897	628 183	824
1.093	9.979 644 212 010	188 097 714	627 359	819
1.094	9.979 456 114 296	187 470 355	626 540	816
1.095	9.979 268 643 941	186 843 815	625 724	815
1.096	9.979 081 800 126	186 218 091	624 909	814
1.097	9.978 895 582 035	185 593 182	624 095	812
1.098	9.978 709 988 853	184 969 087	623 283	809
1.099	9.978 525 019 766	184 345 804	622 474	807
1.100	9.978 340 673 962	183 723 330	621 667	806
1.101	9.978 156 950 632	183 101 663	620 861	804
1.102	9.977 973 848 969	182 480 802	620 057	801
1.103	9.977 791 368 167	181 860 745	619 256	799
1.104	9.977 609 507 422	181 241 489	618 457	799
1.105	9.977 428 265 933	180 623 032	617 658	795
1.106	9.977 247 642 901	180 005 374	616 863	794
1.107	9.977 067 637 527	179 388 511	616 069	792
1.108	9.976 888 249 016	178 772 442	615 277	791
1.109	9.976 709 476 574	178 157 165	614 486	787
1.110	9.976 531 319 409	177 542 679	613 699	787
1.111	9.976 353 776 730	176 928 980	612 912	784
1.112	9.976 176 847 750	176 316 068	612 128	783
1.113	9.976 000 531 682	175 703 940	611 345	780
1.114	9.975 824 827 742	175 092 595	610 565	779
1.115	9.975 649 735 147	174 482 030	609 786	778
1.116	9.975 475 253 117	173 872 244	609 008	775
1.117	9.975 301 380 873	173 263 236	608 233	772
1.118	9.975 128 117 637	172 655 003	607 461	772
1.119	9.974 955 462 634	172 047 542	606 689	770
1.120	9.974 783 415 092	171 440 853	605 919	768

a	*log Γ(a)*	*diff I*	*II*	*III*
1.121	9.974 611 974 239	170 834 934	605 151	766
1.122	9.974 441 139 305	170 229 783	604 385	763
1.123	9.974 270 909 522	169 625 398	603 622	764
1.124	9 974 101 284 124	169 021 776	602 858	759
1.125	9.973 932 262 348	168 418 918	602 099	759
1.126	9.973 763 843 430	167 816 819	601 340	758
1.127	9.973 596 026 611	167 215 479	600 582	755
1.128	9.973 428 811 132	166 614 897	599 827	753
1.129	9.973 262 196 235	166 015 070	599 074	752
1.130	9.973 096 181 165	165 415 996	598 322	749
1.131	9.972 930 765 169	164 817 674	597 573	749
1.132	9.972 765 947 495	164 220 101	596 824	747
1.133	9.972 601 727 394	163 623 277	596 077	743
1.134	9.972 438 104 117	163 027 200	595 334	744
1.135	9.972 275 076 917	162 431 866	594 590	741
1.136	9.972 112 645 051	161 837 276	593 849	739
1.137	9.971 950 807 775	161 243 427	593 110	738
1.138	9.971 789 564 348	160 650 317	592 372	736
1.139	9.971 628 914 031	160 057 945	591 636	735
1.140	9.971 468 856 086	159 466 309	590 901	732
1.141	9.971 309 389 777	158 875 408	590 169	730
1.142	9.971 150 514 369	158 285 239	589 439	731
1.143	9.970 992 229 130	157 695 800	588 708	726
1.144	9.970 834 533 330	157 107 092	587 982	726
1.145	9.970 677 426 238	156 519 110	587 256	724
1.146	9.970 520 907 128	155 931 854	586 532	724
1.147	9.970 364 975 274	155 345 322	585 808	720
1.148	9.970 209 629 952	154 759 514	585 088	718
1.149	9.970 054 870 438	154 174 426	584 370	718
1.150	9.969 900 696 012	153 590 056	583 652	717
1.151	9.969 747 105 956	153 006 404	582 935	712
1.152	9.969 594 099 552	152 423 469	582 223	715
1.153	9.969 441 676 083	151 841 246	581 508	711
1.154	9.969 289 834 837	151 259 738	580 797	707
1.155	9.969 138 575 099	150 678 941	580 090	708
1.156	9.968 987 896 158	150 098 851	579 382	708
1.157	9.968 837 797 307	149 519 469	578 674	703
1.158	9.968 688 277 838	148 940 795	577 971	703
1.159	9.968 539 337 043	148 362 824	577 268	701
1.160	9.968 390 974 219	147 785 556	576 567	700

a	log Γ(a)	diff I	II	III
1.161	9.968 243 188 663	147 208 989	575 867	698
1.162	9.968 095 979 674	146 633 122	575 169	697
1.163	9.967 949 346 552	146 057 953	574 472	694
1.164	9.967 803 288 599	145 483 481	573 778	693
1.165	9.967 657 805 118	144 909 703	573 085	693
1.166	9.967 512 895 415	144 336 618	572 392	689
1.167	9.967 368 558 797	143 764 226	571 703	689
1.168	9.967 224 794 571	143 192 523	571 014	688
1.169	9.967 081 602 048	142 621 509	570 326	684
1.170	9.966 938 980 539	142 051 183	569 642	684
1.171	9.966 796 929 356	141 481 541	568 958	684
1.172	9.966 655 447 815	140 912 583	568 274	679
1.173	9.966 514 535 232	140 344 309	567 595	680
1.174	9.966 374 190 923	139 776 714	566 915	678
1.175	9.966 234 414 209	139 209 799	566 237	677
1.176	9.966 095 204 410	138 643 562	565 560	673
1.177	9.965 956 560 848	138 078 002	564 887	675
1.178	9.965 818 482 846	137 513 115	564 212	671
1.179	9.965 680 969 731	136 948 903	563 541	671
1.180	9.965 544 020 828	136 385 362	562 870	666
1.181	9.965 407 635 466	135 822 492	562 204	670
1.182	9.965 271 812 974	135 260 288	561 534	665
1.183	9.965 136 552 686	134 698 754	560 869	665
1.184	9.965 001 853 932	134 137 885	560 204	662
1.185	9.964 867 716 047	133 577 681	559 542	661
1.186	9.964 734 138 366	133 018 139	558 881	660
1.187	9.964 601 120 227	132 459 258	558 221	659
1.188	9.964 468 660 969	131 901 037	557 562	657
1.189	9.964 336 759 932	131 343 475	556 905	656
1.190	9.964 205 416 457	130 786 570	556 249	652
1.191	9.964 074 629 887	130 230 321	555 597	654
1.192	9.963 944 399 566	129 674 724	554 943	652
1.193	9.963 814 724 842	129 119 781	554 291	648
1.194	9.963 685 605 061	128 565 490	553 643	649
1.195	9.963 557 039 571	128 011 847	552 994	647
1.196	9.963 429 027 724	127 458 853	552 347	645
1.197	9.963 301 568 871	126 906 506	551 702	645
1.198	9.963 174 662 365	126 354 804	551 057	642
1.199	9.963 048 307 561	125 803 747	550 415	640
1.200	9.962 922 503 814	125 253 332	549 775	642

a	*log Γ(a)*	*diff I*	*II*	*III*
1.201	9.962 797 250 482	124 703 557	549 133	637
1.202	9.962 672 546 925	124 154 424	548 496	637
1.203	9.962 548 392 501	123 605 928	547 859	637
1.204	9.962 424 786 573	123 058 069	547 222	632
1.205	9.962 301 728 504	122 510 847	546 590	635
1.206	9.962 179 217 657	121 964 257	545 955	630
1.207	9.962 057 253 400	121 418 302	545 325	630
1.208	9.961 935 835 098	120 872 977	544 695	630
1.209	9.961 814 962 121	120 328 282	544 065	626
1.210	9.961 694 633 839	119 784 217	543 439	627
1.211	9.961 574 849 622	119 240 778	542 812	625
1.212	9.961 455 608 844	118 697 966	542 187	621
1.213	9.961 336 910 878	118 155 779	541 566	624
1.214	9.961 218 755 099	117 614 213	540 942	620
1.215	9.961 101 140 886	117 073 271	540 322	620
1.216	9.960 984 067 615	116 532 949	539 702	616
1.217	9.960 867 534 666	115 993 247	539 086	618
1.218	9.960 751 541 419	115 454 161	538 468	616
1.219	9.960 636 087 258	114 915 693	537 852	612
1.220	9.960 521 171 565	114 377 841	537 240	613
1.221	9.960 406 793 724	113 840 601	536 627	612
1.222	9.960 292 953 123	113 303 974	536 015	610
1.223	9.960 179 649 149	112 767 959	535 405	609
1.224	9.960 066 881 190	112 232 554	534 796	606
1.225	9.959 954 648 636	111 697 758	534 190	607
1.226	9.959 842 950 878	111 163 568	533 583	605
1.227	9.959 731 787 310	110 629 985	532 978	602
1.228	9.959 621 157 325	110 097 007	532 376	604
1.229	9.959 511 060 318	109 564 631	531 772	600
1.230	9.959 401 495 687	109 032 859	531 172	600
1.231	9.959 292 462 828	108 501 687	530 572	598
1.232	9.959 183 961 141	107 971 115	529 974	597
1.233	9.959 075 990 026	107 441 141	529 377	596
1.234	9.958 968 548 885	106 911 764	528 781	595
1.235	9.958 861 637 121	106 382 983	528 186	592
1.236	9.958 755 254 138	105 854 797	527 594	593
1.237	9.958 649 399 341	105 327 203	527 001	591
1.238	9.958 544 072 138	104 800 202	526 410	589
1.239	9.958 439 271 936	104 273 792	525 821	589
1.240	9.958 334 998 144	103 747 971	525 232	586

a	log Γ(a)	diff I	II	III
1.241	9.958 231 250 173	103 222 739	524 646	586
1.242	9.958 128 027 434	102 698 093	524 060	585
1.243	9.958 025 329 341	102 174 033	523 475	583
1.244	9.957 923 155 308	101 650 558	522 892	582
1.245	9.957 821 504 750	101 127 666	522 310	582
1.246	9.957 720 377 084	100 605 356	521 728	577
1.247	9.957 619 771 728	100 083 628	521 151	581
1.248	9.957 519 688 100	99 562 477	520 570	577
1.249	9.957 420 125 623	99 041 907	519 993	576
1.250	9.957 321 083 716	98 521 914	519 417	575
1.251	9.957 222 561 802	98 002 497	518 842	575
1.252	9.957 124 559 305	97 483 655	518 270	572
1.253	9.957 027 075 650	96 965 385	517 698	572
1.254	9.956 930 110 265	96 447 687	517 126	571
1.255	9.956 833 662 578	95 930 561	516 555	570
1.256	9.956 737 732 017	95 414 006	515 985	565
1.257	9.956 642 318 011	94 898 021	515 420	568
1.258	9.956 547 419 990	94 382 601	514 852	566
1.259	9.956 453 037 389	93 867 749	514 286	563
1.260	9.956 359 169 640	93 353 463	513 723	563
1.261	9.956 265 816 177	92 839 740	513 160	561
1.262	9.956 172 976 437	92 326 580	512 599	561
1.263	9.956 080 649 857	91 813 981	512 038	561
1.264	9.955 988 835 876	91 301 943	511 477	557
1.265	9.955 897 533 933	90 790 466	510 920	557
1.266	9.955 806 743 467	90 279 546	510 363	558
1.267	9.955 716 463 921	89 769 183	509 805	553
1.268	9.955 626 694 738	89 259 378	509 252	553
1.269	9.955 537 435 360	88 750 126	508 699	553
1.270	9.955 448 685 234	88 241 427	508 146	554
1.271	9.955 360 443 807	87 733 281	507 592	549
1.272	9.955 272 710 526	87 225 689	507 043	548
1.273	9.955 185 484 837	86 718 646	506 495	548
1.274	9.955 098 766 191	86 212 151	505 947	549
1.275	9.955 012 554 040	85 706 204	505 398	545
1.276	9.954 926 847 836	85 200 806	504 853	545
1.277	9.954 841 647 030	84 695 953	504 308	542
1.278	9.954 756 951 077	84 191 645	503 766	543
1.279	9.954 672 759 432	83 687 879	503 223	543
1.280	9.954 589 071 553	83 184 656	502 680	539

a	log Γ(a)	diff I	II	III
1.281	9.954 505 886 897	82 681 976	502 141	539
1.282	9.954 423 204 921	82 179 835	501 602	538
1.283	9.954 341 025 086	81 678 233	501 064	538
1.284	9.954 259 346 853	81 177 169	500 526	536
1.285	9.954 178 169 684	80 676 643	499 990	535
1.286	9.954 097 493 041	80 176 653	499 455	532
1.287	9.954 017 316 388	79 677 198	498 923	534
1.288	9.953 937 639 190	79 178 275	498 389	532
1.289	9.953 858 460 915	78 679 886	497 857	529
1.290	9.953 779 781 029	78 182 029	497 328	531
1.291	9.953 701 599 000	77 684 701	496 797	528
1.292	9.953 623 914 299	77 187 904	496 269	526
1.293	9.953 546 726 395	76 691 635	495 743	528
1.294	9.953 470 034 760	76 195 892	495 215	525
1.295	9.953 393 838 868	75 700 677	494 690	523
1.296	9.953 318 138 191	75 205 987	494 167	525
1.297	9.953 242 932 204	74 711 820	493 642	520
1.298	9.953 168 220 384	74 218 178	493 122	523
1.299	9.953 094 002 206	73 725 056	492 599	518
1.300	9.953 020 277 150	73 232 457	492 081	519
1.301	9.952 947 044 693	72 740 376	491 562	519
1.302	9.952 874 304 317	72 248 814	491 043	518
1.303	9.952 802 055 503	71 757 771	490 525	513
1.304	9.952 730 297 732	71 267 246	490 012	517
1.305	9.952 659 030 486	70 777 234	489 495	512
1.306	9.952 588 253 252	70 287 739	488 983	514
1.307	9.952 517 965 513	69 798 756	488 469	511
1.308	9.952 448 166 757	69 310 287	487 958	512
1.309	9.952 378 856 470	68 822 329	487 446	509
1.310	9.952 310 034 141	68 334 883	486 937	508
1.311	9.952 241 699 258	67 847 946	486 429	509
1.312	9.952 173 851 312	67 361 517	485 920	506
1.313	9.952 106 489 795	66 875 597	485 414	504
1.314	9.952 039 614 198	66 390 183	484 910	505
1.315	9.951 973 224 015	65 905 273	484 405	506
1.316	9.951 907 318 742	65 420 868	483 899	502
1 317	9.951 841 897 874	64 936 969	483 397	503
1.318	9.951 776 960 905	64 453 572	482 894	499
1.319	9.951 712 507 333	63 970 678	482 395	498
1.320	9.951 648 536 655	63 488 283	481 897	501

a	*log Γ(a)*	*diff I*	*II*	*III*
1.321	9.951 585 048 372	63 006 386	481 396	497
1.322	9.951 522 041 986	62 524 990	480 899	497
1.323	9.951 459 516 996	62 044 091	480 402	495
1.324	9.951 397 472 905	61 563 689	479 907	497
1.325	9.951 335 909 216	61 083 782	479 410	493
1.326	9.951 274 825 434	60 604 372	478 917	492
1.327	9.951 214 221 062	60 125 455	478 425	491
1.328	9.951 154 095 607	59 647 030	477 934	494
1.329	9.951 094 448 577	59 169 096	477 440	489
1.330	9.951 035 279 481	58 691 656	476 951	487
1.331	9.950 976 587 825	58 214 705	476 464	490
1.332	9.950 918 373 120	57 738 241	475 974	488
1.333	9.950 860 634 879	57 262 267	475 486	483
1.334	9.950 803 372 612	56 786 781	475 003	488
1.335	9.950 746 585 831	56 311 778	474 515	484
1.336	9.950 690 274 053	55 837 263	474 031	484
1.337	9.950 634 436 790	55 363 232	473 547	483
1.338	9.950 579 073 558	54 889 685	473 066	480
1.339	9.950 524 183 873	54 416 619	472 586	484
1.340	9.950 469 767 254	53 944 033	472 102	480
1.341	9.950 415 823 221	53 471 931	471 622	476
1.342	9.950 362 351 290	53 000 309	471 146	478
1.343	9.950 309 350 981	52 529 163	470 668	479
1.344	9.950 256 821 818	52 058 495	470 189	475
1.345	9.950 204 763 323	51 588 306	469 714	474
1.346	9.950 153 175 017	51 118 592	469 240	475
1.347	9.950 102 056 425	50 649 352	468 765	473
1.348	9.950 051 407 073	50 180 587	468 292	474
1.349	9.950 001 226 486	49 712 295	467 818	469
1.350	9.949 951 514 191	49 244 477	467 349	472
1.351	9.949 902 269 714	48 777 128	466 877	470
1.352	9.949 853 492 586	48 310 251	466 407	466
1.353	9.949 805 182 335	47 843 844	465 941	470
1.354	9.949 757 338 491	47 377 903	465 471	468
1.355	9.949 709 960 588	46 912 432	465 003	464
1.356	9.949 663 048 156	46 447 429	464 539	466
1.357	9.949 616 600 727	45 982 890	464 073	465
1.358	9.949 570 617 837	45 518 817	463 608	464
1.359	9.949 525 099 020	45 055 209	463 144	460
1.360	9.949 480 043 811	44 592 065	462 684	462

a	log Γ(a)	diff I	II	III
1.361	9.949 435 451 746	44 129 381	462 222	462
1.362	9.949 391 322 365	43 667 159	461 760	459
1.363	9.949 347 655 206	43 205 399	461 301	459
1.364	9.949 304 449 807	42 744 098	460 842	458
1.365	9.949 261 705 709	42 283 256	460 384	459
1.366	9.949 219 422 453	41 822 872	459 925	456
1.367	9.949 177 599 581	41 362 947	459 469	455
1.368	9.949 136 236 634	40 903 478	459 014	454
1.369	9.949 095 333 156	40 444 464	458 560	454
1.370	9.949 054 888 692	39 985 904	458 106	454
1.371	9.949 014 902 788	39 527 798	457 652	452
1.372	9.948 975 374 990	39 070 146	457 200	450
1.373	9.948 936 304 844	38 612 946	456 750	451
1.374	9.948 897 691 898	38 156 196	456 299	450
1.375	9.948 859 535 702	37 699 897	455 849	449
1.376	9.948 821 835 805	37 244 048	455 400	447
1.377	9.948 784 591 757	36 788 648	454 953	449
1.378	9.948 747 803 109	36 333 695	454 504	444
1.379	9.948 711 469 414	35 879 191	454 060	445
1.380	9.948 675 590 223	35 425 131	453 615	447
1.381	9.948 640 165 092	34 971 516	453 168	443
1.382	9.948 605 193 576	34 518 348	452 725	442
1.383	9.948 570 675 228	34 065 623	452 283	442
1.384	9.948 536 609 605	33 613 340	451 841	442
1.385	9.948 502 996 265	33 161 499	451 399	440
1.386	9.948 469 834 766	32 710 100	450 959	439
1.387	9.948 437 124 666	32 259 141	450 520	440
1.388	9.948 404 865 525	31 808 621	450 080	438
1.389	9.948 373 056 904	31 358 541	449 642	437
1.390	9.948 341 698 363	30 908 899	449 205	436
1.391	9.948 310 789 464	30 459 694	448 769	436
1.392	9.948 280 329 770	30 010 925	448 333	435
1.393	9.948 250 318 845	29 562 592	447 898	432
1.394	9.948 220 756 253	29 114 694	447 466	435
1.395	9.948 191 641 559	28 667 228	447 031	432
1.396	9.948 162 974 331	28 220 197	446 599	432
1.397	9.948 134 754 134	27 773 598	446 167	430
1.398	9.948 106 980 536	27 327 431	445 737	431
1.399	9.948 079 653 105	26 881 694	445 306	428
1.400	9.948 052 771 411	26 436 388	444 878	429

a	log Γ(a)	diff I	II	III
1.401	9.948 026 335 023	25 991 510	444 449	426
1.402	9.948 000 343 513	25 547 061	444 023	428
1.403	9.947 974 796 452	25 103 038	443 595	427
1.404	9.947 949 693 414	24 659 443	443 168	425
1.405	9.947 925 033 971	24 216 275	442 743	424
1.406	9.947 900 817 696	23 773 532	442 319	423
1.407	9.947 877 044 164	23 331 213	441 896	424
1.408	9.947 853 712 951	22 889 317	441 472	423
1.409	9.947 830 823 634	22 447 845	441 049	419
1.410	9.947 808 375 789	22 006 796	440 630	421
1.411	9.947 786 368 993	21 566 166	440 209	422
1.412	9.947 764 802 827	21 125 957	439 787	418
1.413	9.947 743 676 870	20 686 170	439 369	417
1.414	9.947 722 990 700	20 246 801	438 952	418
1.415	9.947 702 743 899	19 807 849	438 534	418
1.416	9.947 682 936 050	19 369 315	438 116	416
1.417	9.947 663 566 735	18 931 199	437 700	415
1.418	9.947 644 635 536	18 493 499	437 285	414
1.419	9.947 626 142 037	18 056 214	436 871	414
1.420	9.947 608 085 823	17 619 343	436 457	414
1.421	9.947 590 466 480	17 182 886	436 043	410
1.422	9.947 573 283 594	16 746 843	435 633	414
1.423	9.947 556 536 751	16 311 210	435 219	410
1.424	9.947 540 225 541	15 875 991	434 809	409
1.425	9.947 524 349 550	15 441 182	434 400	411
1.426	9.947 508 908 368	15 006 782	433 989	408
1.427	9.947 493 901 586	14 572 793	433 581	408
1.428	9.947 479 328 793	14 139 212	433 173	406
1.429	9.947 465 189 581	13 706 039	432 767	407
1.430	9.947 451 483 542	13 273 272	432 360	407
1.431	9.947 438 210 270	12 840 912	431 953	404
1.432	9.947 425 369 358	12 408 959	431 549	404
1.433	9.947 412 960 399	11 977 410	431 145	403
1.434	9.947 400 982 989	11 546 265	430 742	404
1.435	9.947 389 436 724	11 115 523	430 338	402
1.436	9.947 378 321 201	10 685 185	429 936	401
1.437	9.947 367 636 016	10 255 249	429 535	400
1.438	9.947 357 380 767	9 825 714	429 135	400
1.439	9.947 347 555 053	9 396 579	428 735	399
1.440	9.947 338 158 474	8 967 844	428 336	400

a	*log Γ(a)*	*diff I*	*II*	*III*
1.441	9.947 329 190 630	8 539 508	427 936	398
1.442	9.947 320 651 122	8 111 572	427 538	395
1.443	9.947 312 539 550	7 684 034	427 143	398
1.444	9.947 304 855 516	7 256 891	426 745	394
1.445	9.947 297 598 625	6 830 146	426 351	397
1.446	9.947 290 768 479	6 403 795	425 954	392
1.447	9.947 284 364 684	5 977 841	425 562	395
1.448	9.947 278 386 843	5 552 279	425 167	393
1.449	9.947 272 834 564	5 127 112	424 774	392
1.450	9.947 267 707 452	4 702 338	424 382	392
1.451	9.947 263 005 114	4 277 956	423 990	390
1.452	9.947 258 727 158	3 853 966	423 600	390
1.453	9.947 254 873 192	3 430 366	423 210	390
1.454	9.947 251 442 826	3 007 156	422 820	388
1.455	9.947 248 435 670	2 584 336	422 432	388
1.456	9.947 245 851 334	2 161 904	422 044	389
1.457	9.947 243 689 430	1 739 860	421 655	385
1.458	9.947 241 949 570	1 318 205	421 270	387
1.459	9.947 240 631 365	896 935	420 883	385
1.460	9.947 239 734 430	476 052	420 498	385
1.461	9.947 239 258 378	— 55 554	420 113	383
1.462	9.947 239 202 824	+ 364 559	419 730	384
1.463	9.947 239 567 383	784 289	419 346	383
1.464	9.947 240 351 672	1 203 635	418 963	382
1.465	9.947 241 555 307	1 622 508	418 581	380
1.466	9.947 243 177 905	2 041 179	418 201	381
1.467	9.947 245 219 084	2 559 380	417 820	382
1.468	9.947 247 678 464	2 877 200	417 438	378
1.469	9.947 250 555 664	3 294 638	417 060	378
1.470	9.947 253 850 302	3 711 698	416 682	378
1.471	9.947 257 562 000	4 128 380	416 304	378
1.472	9.947 261 690 380	4 544 684	415 926	378
1.473	9.947 266 235 064	4 960 610	415 548	374
1.474	9.947 271 195 674	5 376 158	415 174	376
1.475	9.947 276 571 832	5 791 332	414 798	375
1.476	9.947 282 363 164	6 206 130	414 423	374
1.477	9.947 288 569 294	6 620 553	414 049	374
1.478	9.947 295 189 847	7 034 602	413 675	372
1.479	9.947 302 224 449	7 448 277	413 303	371
1.480	9.947 309 672 726	7 861 580	412 932	374

a	*log Γ(a)*	*diff I*	*II*	*III*
1.481	9.947 317 534 306	8 274 512	412 558	370
1.482	9.947 325 808 818	8 687 070	412 188	370
1.483	9.947 334 495 888	9 099 258	411 818	370
1.484	9.947 343 595 146	9 511 076	411 448	368
1.485	9.947 353 106 222	9 922 524	411 080	368
1.486	9.947 363 028 746	10 333 604	410 712	370
1.487	9.947 373 362 350	10 744 316	410 342	366
1.488	9.947 384 106 666	11 154 658	409 976	366
1.489	9.947 395 261 324	11 564 634	409 610	366
1.490	9.947 406 825 958	11 974 244	409 244	365
1.491	9.947 418 800 202	12 383 488	408 879	365
1.492	9.947 431 183 690	12 792 367	408 514	364
1.493	9.947 443 976 057	13 200 881	408 150	363
1.494	9.947 457 176 938	13 609 031	407 787	363
1.495	9.947 470 785 969	14 016 818	407 424	361
1.496	9.947 484 802 787	14 424 242	407 063	364
1.497	9.947 499 227 029	14 831 305	406 699	358
1.498	9.947 514 058 334	15 238 004	406 341	362
1.499	9.947 529 296 338	15 644 345	405 979	359
1.500	9.947 544 940 683	16 050 324	405 620	359
1.501	9.947 560 991 007	16 455 944	405 261	359
1.502	9.947 577 446 951	16 861 205	404 902	357
1.503	9.947 594 308 156	17 266 107	404 545	358
1.504	9.947 611 574 263	17 670 652	404 187	356
1.505	9.947 629 244 915	18 074 839	403 831	356
1.506	9.947 647 319 754	18 478 670	403 475	356
1.507	9.947 665 798 424	18 882 145	403 119	354
1.508	9.947 684 680 569	19 285 264	402 765	355
1.509	9.947 703 965 833	19 688 029	402 410	353
1.510	9.947 723 653 862	20 090 439	402 057	353
1.511	9.947 743 744 301	20 492 496	401 704	352
1.512	9.947 764 236 797	20 894 200	401 352	354
1.513	9.947 785 130 997	21 295 552	400 998	349
1.514	9.947 806 426 549	21 696 550	400 649	351
1.515	9.947 828 123 099	22 097 199	400 298	350
1.516	9.947 850 220 298	22 497 497	399 948	350
1.517	9.947 872 717 795	22 897 445	399 598	349
1.518	9.947 895 615 240	23 297 043	399 249	348
1.519	9.947 918 912 283	23 696 292	398 901	347
1.520	9.947 942 608 575	24 095 193	398 554	348

a	log Γ(a)	diff I	II	III
1.521	9.947 966 703 768	24 493 747	398 206	347
1.522	9.947 991 197 515	24 891 953	397 859	345
1.523	9.948 016 089 468	25 289 812	397 514	346
1.524	9.948 041 379 280	25 687 326	397 168	344
1.525	9.948 067 066 606	26 084 494	396 824	344
1.526	9.948 093 151 100	26 481 318	396 480	344
1.527	9.948 119 632 418	26 877 798	396 136	345
1.528	9.948 146 510 216	27 273 934	395 791	341
1.529	9.948 173 784 150	27 669 725	395 450	341
1.530	9.948 201 453 875	28 065 175	395 109	342
1.531	9.948 229 519 050	28 460 284	394 767	342
1.532	9.948 257 979 334	28 855 051	394 425	340
1.533	9.948 286 834 385	29 249 476	394 085	339
1.534	9.948 316 083 861	29 643 561	393 746	339
1.535	9.948 345 727 422	30 037 307	393 407	339
1.536	9.948 375 764 729	30 430 714	393 068	338
1.537	9.948 406 195 443	30 823 782	392 730	337
1.538	9.948 437 019 225	31 216 512	392 393	337
1.539	9.948 468 235 737	31 608 905	392 056	336
1.540	9.948 499 844 642	32 000 961	391 720	337
1.541	9.948 531 845 603	32 392 681	391 383	334
1.542	9.948 564 238 284	32 784 064	391 049	336
1.543	9.948 597 022 348	33 175 113	390 713	334
1.544	9.948 630 197 461	33 565 826	390 379	332
1.545	9.948 663 763 287	33 956 205	390 047	335
1.546	9.948 697 719 492	34 346 252	389 712	331
1.547	9.948 732 065 744	34 735 964	389 381	332
1.548	9.948 766 801 708	35 125 345	389 049	332
1.549	9.948 801 927 053	35 514 394	388 717	331
1.550	9.948 837 441 447	35 903 111	388 386	331
1.551	9.948 873 344 558	36 291 497	388 055	327
1.552	9.948 909 636 055	36 679 552	387 728	332
1.553	9.948 946 315 607	37 067 280	387 396	328
1.554	9.948 983 382 887	37 454 676	387 068	329
1.555	9.949 020 837 563	37 841 744	386 739	325
1.556	9.949 058 679 307	38 228 483	386 414	329
1.557	9.949 096 907 790	38 614 897	386 085	326
1.558	9.949 135 522 687	39 000 982	385 759	327
1.559	9.949 174 523 669	39 386 741	385 432	324
1.560	9.949 213 910 410	39 772 173	385 108	327

a	log Γ(a)	diff I	II	III
1.561	9.949 253 682 583	40 157 281	384 781	323
1.562	9.949 293 839 864	40 542 062	384 458	323
1.563	9.949 334 381 926	40 926 520	384 135	326
1.564	9.949 375 308 446	41 310 655	383 809	321
1.565	9.949 416 619 101	41 694 464	383 488	323
1.566	9.949 458 313 565	42 077 952	383 165	321
1.567	9.949 500 391 517	42 461 117	382 844	322
1.568	9.949 542 852 634	42 843 961	382 522	322
1.569	9.949 585 696 595	43 226 483	382 200	319
1.570	9.949 628 923 078	43 608 683	381 881	319
1.571	9.949 672 531 761	43 990 564	381 562	320
1.572	9.949 716 522 325	44 372 126	381 242	320
1.573	9.949 760 894 451	44 753 368	380 922	317
1.574	9.949 805 647 819	45 134 290	380 605	317
1.575	9.949 850 782 109	45 514 895	380 288	318
1.576	9.949 896 297 004	45 895 183	379 970	317
1.577	9.949 942 192 187	46 275 153	379 653	316
1.578	9.949 988 467 340	46 654 806	379 337	315
1.579	9.950 035 122 146	47 034 143	379 022	317
1.580	9.950 082 156 289	47 413 165	378 705	313
1.581	9.950 129 569 454	47 791 870	378 392	314
1.582	9.950 177 361 324	48 170 262	378 078	314
1.583	9.950 225 531 586	48 548 340	377 764	315
1.584	9.950 274 079 926	48 926 104	377 449	311
1.585	9.950 323 006 030	49 303 553	377 138	311
1.586	9.950 372 309 583	49 680 691	376 827	313
1.587	9.950 421 990 274	50 057 518	376 514	312
1.588	9.950 472 047 792	50 434 032	376 202	310
1.589	9.950 522 481 824	50 810 234	375 892	309
1.590	9.950 573 292 058	51 186 126	375 583	311
1.591	9.950 624 478 184	51 561 709	375 272	310
1.592	9.950 676 039 893	51 936 981	374 962	307
1.593	9.950 727 976 874	52 311 943	374 655	308
1.594	9.950 780 288 817	52 686 598	374 347	309
1.595	9.950 832 975 415	53 060 945	374 038	308
1.596	9.950 886 036 360	53 434 982	373 730	305
1.597	9.950 939 471 343	53 808 713	373 425	307
1.598	9.950 993 280 056	54 182 138	373 118	306
1.599	9.951 047 462 194	54 555 256	372 812	305
1.600	9.951 102 017 450	54 928 068	372 507	305

a	log Γ(a)	diff I	II	III
1.601	9.951 156 945 518	55 300 575	372 202	303
1.602	9.951 212 246 093	55 672 777	371 899	305
1.603	9.951 267 918 870	56 044 676	371 594	304
1.604	9.951 323 963 546	56 416 270	371 290	303
1.605	9.951 380 379 816	56 787 560	370 987	302
1.606	9.951 437 167 376	57 158 547	370 685	302
1.607	9.951 494 325 923	57 529 232	370 383	301
1.608	9.951 551 855 155	57 899 615	370 082	301
1.609	9.951 609 754 770	58 269 697	369 781	300
1.610	9.951 668 024 467	58 639 478	369 481	302
1.611	9.951 726 663 945	59 008 959	369 179	299
1.612	9.951 785 672 904	59 378 138	368 880	298
1.613	9.951 845 051 042	59 747 018	368 582	301
1.614	9.951 904 798 060	60 115 600	368 281	296
1.615	9.951 964 913 660	60 483 881	367 985	298
1.616	9.952 025 397 541	60 851 866	367 687	297
1.617	9.952 086 249 407	61 219 553	367 390	298
1.618	9.952 147 468 960	61 586 943	367 092	297
1.619	9.952 209 055 903	61 954 035	366 795	294
1.620	9.952 271 009 938	62 320 830	366 501	296
1.621	9.952 333 330 768	62 687 331	366 205	295
1.622	9.952 396 018 099	63 053 536	365 910	294
1.623	9.952 459 071 635	63 419 446	365 616	296
1.624	9.952 522 491 081	63 785 062	365 320	293
1.625	9.952 586 276 143	64 150 382	365 027	291
1.626	9.952 650 426 525	64 515 409	364 736	294
1.627	9.952 714 941 934	64 880 145	364 442	293
1.628	9.952 779 822 079	65 244 587	364 149	292
1.629	9.952 845 066 666	65 608 735	363 857	290
1.630	9.952 910 675 402	65 972 593	363 567	291
1.631	9.952 976 647 995	66 336 160	363 276	291
1.632	9.953 042 984 155	66 699 436	362 985	290
1.633	9.953 109 683 591	67 062 421	362 695	289
1.634	9.953 176 746 012	67 425 116	362 406	291
1.635	9.953 244 171 128	67 787 522	362 115	286
1.636	9.953 311 958 650	68 149 637	361 829	291
1.637	9.953 380 108 287	68 511 466	361 538	287
1.638	9.953 448 619 753	68 873 004	361 251	285
1.639	9.953 517 492 757	69 234 255	360 966	288
1.640	9.953 586 727 012	69 595 221	360 678	287

a	log Γ(a)	diff I	II	III
1.641	9.953 656 322 233	69 955 899	360 391	286
1.642	9.953 726 278 132	70 316 290	360 105	286
1.643	9.953 796 594 422	70 676 395	359 819	285
1.644	9.953 867 270 817	71 036 214	359 534	284
1.645	9.953 938 307 031	71 395 748	359 250	285
1.646	9.954 009 702 779	71 754 998	358 965	283
1.647	9.954 081 457 777	72 113 963	358 682	284
1.648	9.954 153 571 740	72 472 645	358 398	283
1.649	9.954 226 044 385	72 831 043	358 115	282
1.650	9.954 298 875 428	73 189 158	357 833	283
1.651	9.954 372 064 586	73 546 991	357 550	282
1.652	9.954 445 611 577	73 904 541	357 268	279
1.653	9.954 519 516 118	74 261 809	356 989	282
1.654	9.954 593 777 927	74 618 798	356 707	283
1.655	9.954 668 396 725	74 975 505	356 424	277
1.656	9.954 743 372 230	75 331 929	356 147	278
1.657	9.954 818 704 159	75 688 076	355 869	282
1.658	9.954 894 392 235	76 043 945	355 587	279
1.659	9.954 970 436 180	76 399 532	355 308	277
1.660	9.955 046 835 712	76 754 840	355 031	279
1.661	9.955 123 590 552	77 109 871	354 752	276
1.662	9.955 200 700 423	77 464 623	354 476	277
1.663	9.955 278 165 046	77 819 099	354 199	278
1.664	9.955 355 984 145	78 173 298	353 921	275
1.665	9.955 434 157 443	78 527 219	353 646	276
1.666	9.955 512 684 662	78 880 865	353 370	277
1.667	9.955 591 565 527	79 234 235	353 093	273
1.668	9.955 670 799 762	79 587 328	352 820	275
1.669	9.955 750 387 090	79 940 148	352 545	274
1.670	9.955 830 327 238	80 292 693	352 271	274
1.671	9.955 910 619 931	80 641 964	351 997	273
1.672	9.955 991 264 895	80 996 961	351 724	273
1.673	9.956 072 261 856	81 348 685	351 451	273
1.674	9.956 153 610 541	81 700 136	351 178	271
1.675	9.956 235 310 677	82 051 314	350 907	273
1.676	9.956 317 361 991	82 402 221	350 634	270
1.677	9.956 399 764 212	82 752 855	350 364	273
1.678	9.956 482 517 067	83 103 219	350 091	269
1.679	9.956 565 620 286	83 453 310	349 822	269
1.680	9.956 649 073 596	83 803 132	349 553	269

a	*log Γ(a)*	*diff I*	*II*	*III*
1.681	9.956 732 876 728	84 152 685	349 284	271
1.682	9.956 817 029 413	84 501 969	349 013	269
1.683	9.956 901 531 382	84 850 982	348 744	269
1.684	9.956 986 382 364	85 199 726	348 475	268
1.685	9.957 071 582 090	85 548 201	348 207	266
1.686	9.957 157 130 291	85 896 408	347 941	268
1.687	9.957 243 026 699	86 244 349	347 673	267
1.688	9.957 329 271 048	86 592 022	347 406	265
1.689	9.957 415 863 070	86 939 428	347 141	268
1.690	9.957 502 802 498	87 286 569	346 873	266
1.691	9.957 590 089 067	87 633 442	346 607	265
1.692	9.957 677 722 509	87 980 049	346 342	264
1.693	9.957 765 702 558	88 326 392	346 078	266
1.694	9.957 854 028 950	88 672 470	345 812	261
1.695	9.957 942 701 420	89 018 282	345 551	265
1.696	9.958 031 719 702	89 363 833	345 286	265
1.697	9.958 121 083 535	89 709 119	345 021	263
1.698	9.958 210 792 654	90 054 140	344 758	260
1.699	9.958 300 846 794	90 398 898	344 498	264
1.700	9.958 391 245 692	90 743 396	344 234	261
1.701	9.958 481 989 088	91 087 630	343 973	260
1.702	9.958 573 076 718	91 431 603	343 712	262
1.703	9.958 664 508 321	91 775 315	343 450	260
1.704	9.958 756 283 636	92 118 765	343 190	261
1.705	9.958 848 402 401	92 461 955	342 929	260
1.706	9.958 940 864 356	92 804 884	342 669	258
1.707	9.959 033 669 240	93 147 553	342 411	260
1.708	9.959 126 816 793	93 489 964	342 151	259
1.709	9.959 220 306 757	93 832 115	341 892	257
1.710	9.959 314 138 872	94 174 007	341 635	261
1.711	9.959 408 312 879	94 515 642	341 374	256
1.712	9.959 502 828 521	94 857 016	341 118	254
1.713	9.959 597 685 537	95 198 134	340 864	260
1.714	9.959 692 883 671	95 538 998	340 604	257
1.715	9.959 788 422 669	95 879 602	340 347	255
1.716	9.959 884 302 271	96 219 949	340 092	256
1.717	9.959 980 522 220	96 560 041	339 836	255
1.718	9.960 077 082 261	96 899 877	339 581	255
1.719	9.960 173 982 138	97 239 458	339 326	256
1.720	9.960 271 221 596	97 578 784	339 070	252

a	log Γ(a)	diff I	II	III
1.721	9.960 368 800 380	97 917 854	338 818	256
1.722	9.960 466 718 234	98 256 672	338 562	251
1.723	9.960 564 974 906	98 595 234	338 311	254
1.724	9.960 663 570 140	98 933 545	338 057	255
1.725	9.960 762 503 685	99 271 602	337 802	250
1.726	9.960 861 775 287	99 609 404	337 552	252
1.727	9.960 961 384 691	99 946 956	337 300	253
1.728	9.961 061 331 647	100 284 256	337 047	251
1.729	9.961 161 615 903	100 621 303	336 796	251
1.730	9.961 262 237 206	100 958 099	336 545	250
1.731	9.961 363 195 305	101 294 644	336 295	250
1.732	9.961 464 489 949	101 630 939	336 045	251
1.733	9.961 566 120 888	101 966 984	335 794	248
1.734	9.961 668 087 872	102 302 778	335 546	250
1.735	9.961 770 390 650	102 638 324	335 296	250
1.736	9.961 873 028 974	102 973 620	335 046	247
1.737	9.961 976 002 594	103 308 666	334 799	248
1.738	9.962 079 311 260	103 643 465	334 551	247
1.739	9.962 182 954 725	103 978 016	334 304	248
1.740	9.962 286 932 741	104 312 320	334 056	249
1.741	9.962 391 245 061	104 646 376	333 807	244
1.742	9.962 495 891 437	104 980 183	333 563	245
1.743	9.962 600 871 620	105 313 746	333 318	250
1.744	9.962 706 185 366	105 647 064	333 068	246
1.745	9.962 811 832 430	105 980 132	332 822	243
1.746	9.962 917 812 562	106 312 954	332 579	244
1.747	9.963 024 125 516	106 645 533	332 335	246
1.748	9.963 130 771 049	106 977 868	332 089	243
1.749	9.963 237 748 917	107 309 957	331 846	244
1.750	9.963 345 058 874	107 641 803	331 602	245
1.751	9.963 452 700 677	107 973 405	331 357	242
1.752	9.963 560 674 082	108 304 762	331 115	243
1.753	9.963 668 978 844	108 635 877	330 872	243
1.754	9.963 777 614 721	108 966 749	330 629	241
1.755	9.963 886 581 470	109 297 378	330 388	243
1.756	9.963 995 878 848	109 627 766	330 145	241
1.757	9.964 105 506 614	109 957 911	329 904	241
1.758	9.964 215 464 525	110 287 815	329 663	240
1.759	9.964 325 752 340	110 617 478	329 423	241
1.760	9.964 436 369 818	110 946 901	329 182	241

a	*log Γ(a)*	*diff I*	*II*	*III*
1.761	9.964 547 316 719	111 276 083	328 941	239
1.762	9.964 658 592 802	111 605 024	328 702	239
1.763	9.964 770 197 826	111 933 726	328 463	240
1.764	9.964 882 131 552	112 262 189	328 223	238
1.765	9.964 994 393 741	112 590 412	327 985	238
1.766	9.965 106 984 153	112 918 397	327 747	239
1.767	9.965 219 902 550	113 246 144	327 508	237
1.768	9.965 333 148 694	113 573 652	327 271	238
1.769	9.965 446 722 346	113 900 923	327 033	237
1.770	9.965 560 623 269	114 227 956	326 796	237
1.771	9.965 674 851 225	114 554 752	326 559	235
1.772	9.965 789 405 977	114 881 311	326 324	237
1.773	9.965 904 287 288	115 207 635	326 087	236
1.774	9.966 019 494 923	115 533 722	325 851	234
1.775	9.966 135 028 645	115 859 573	325 617	237
1.776	9.966 250 888 218	116 185 190	325 380	234
1.777	9.966 367 073 408	116 510 570	325 146	234
1.778	9.966 483 583 978	116 835 716	324 912	234
1.779	9.966 600 419 694	117 160 628	324 678	235
1.780	9.966 717 580 322	117 485 306	324 443	232
1.781	9.966 835 065 628	117 809 749	324 211	233
1.782	9.966 952 875 377	118 133 960	323 978	234
1.783	9.967 071 009 337	118 457 938	323 744	232
1.784	9.967 189 467 275	118 781 682	323 512	231
1.785	9.967 308 248 957	119 105 194	323 281	234
1.786	9.967 427 354 151	119 428 475	323 047	230
1.787	9.967 546 782 626	119 751 522	322 817	231
1.788	9.967 666 534 148	120 074 339	322 586	231
1.789	9.967 786 608 487	120 396 925	322 355	231
1.790	9.967 907 005 412	120 719 280	322 124	230
1.791	9.968 027 724 692	121 041 404	321 894	230
1.792	9.968 148 766 096	121 363 298	321 664	230
1.793	9.968 270 129 394	121 684 962	321 434	228
1.794	9.968 391 814 356	122 006 396	321 206	230
1.795	9.968 513 820 752	122 327 602	320 976	228
1.796	9.968 636 148 354	122 648 578	320 748	228
1.797	9.968 758 796 932	122 969 326	320 520	229
1.798	9.968 881 766 258	123 289 846	320 291	227
1.799	9.969 005 056 104	123 610 137	320 064	228
1.800	9.969 128 666 241	123 930 201	319 836	226

a	log Γ(a)	diff I	II	III
1.801	9.969 252 596 442	124 250 037	319 610	228
1.802	9.969 376 846 479	124 569 647	319 382	225
1.803	9.969 501 416 126	124 889 029	319 157	227
1.804	9.969 626 305 155	125 208 186	318 930	225
1.805	9.969 751 513 341	125 527 116	318 705	227
1.806	9.969 877 040 457	125 845 821	318 478	225
1.807	9.970 002 886 278	126 164 299	318 253	223
1.808	9.970 129 050 577	126 482 552	318 030	226
1.809	9.970 255 533 129	126 800 582	317 804	224
1.810	9.970 382 333 711	127 118 386	317 580	224
1.811	9.970 509 452 097	127 435 966	317 356	223
1.812	9.970 636 888 063	127 753 322	317 133	224
1.813	9.970 764 641 385	128 070 455	316 909	223
1.814	9.970 892 711 840	128 387 364	316 686	223
1.815	9.971 021 099 204	128 704 050	316 463	222
1.816	9.971 149 803 254	129 020 513	316 241	222
1.817	9.971 278 823 767	129 336 754	316 019	222
1.818	9.971 408 160 521	129 652 773	315 797	221
1.819	9.971 537 813 294	129 968 570	315 576	222
1.820	9.971 667 781 864	130 284 146	315 354	221
1.821	9.971 798 066 010	130 599 500	315 133	220
1.822	9.971 928 665 510	130 914 633	314 913	221
1.823	9.972 059 580 143	131 229 546	314 692	219
1.824	9.972 190 809 689	131 544 238	314 473	220
1.825	9.972 322 353 927	131 858 711	314 253	220
1.826	9.972 454 212 638	132 172 964	314 033	219
1.827	9.972 586 385 602	132 486 997	313 814	219
1.828	9.972 718 872 599	132 800 811	313 595	217
1.829	9.972 851 673 410	133 114 406	313 378	220
1.830	9.972 984 787 816	133 427 784	313 158	217
1.831	9.973 118 215 600	133 740 942	312 941	218
1.832	9.973 251 956 542	134 053 883	312 723	218
1.833	9.973 386 010 425	134 366 606	312 505	216
1.834	9.973 520 377 031	134 679 111	312 289	216
1.835	9.973 655 056 142	134 991 400	312 073	219
1.836	9.973 790 047 542	135 303 473	311 854	214
1.837	9.973 925 351 015	135 615 327	311 640	217
1.838	9.974 060 966 342	135 926 967	311 423	215
1.839	9.974 196 893 309	136 238 390	311 208	216
1.840	9.974 333 131 699	136 549 598	310 992	214

a	*log Γ(a)*	*diff I*	*II*	*III*
1.841	9.974 469 681 297	136 860 590	310 778	215
1.842	9.974 606 541 887	137 171 368	310 563	215
1.843	9.974 743 713 255	137 481 931	310 348	214
1.844	9.974 881 195 186	137 792 279	310 134	214
1.845	9.975 018 987 465	138 102 413	309 920	213
1.846	9.975 157 089 878	138 412 333	309 707	213
1.847	9.975 295 502 211	138 722 040	309 494	214
1.848	9.975 434 224 251	139 031 534	309 280	213
1.849	9.975 573 255 785	139 340 814	309 067	211
1.850	9.975 712 596 599	139 649 881	308 856	214
1.851	9.975 852 246 480	139 958 737	308 642	210
1.852	9.975 992 205 217	140 267 379	308 432	212
1.853	9.976 132 472 596	140 575 811	308 220	212
1.854	9.976 273 048 407	140 884 031	308 008	211
1.855	9.976 413 932 438	141 192 039	307 797	211
1.856	9.976 555 124 477	141 499 836	307 586	209
1.857	9.976 696 624 313	141 807 422	307 377	211
1.858	9.976 838 431 735	142 114 709	307 166	211
1.859	9.976 980 546 534	142 421 965	306 955	208
1.860	9.977 122 968 499	142 728 920	306 747	210
1.861	9.977 265 697 419	143 035 667	306 537	209
1.862	9.977 408 733 086	143 342 204	306 328	209
1.863	9.977 552 075 290	143 648 532	306 119	209
1.864	9.977 695 723 822	143 954 651	305 910	207
1.865	9.977 839 678 473	144 260 561	305 703	208
1.866	9.977 983 939 034	144 566 264	305 495	209
1.867	9.978 128 505 298	144 871 759	305 286	208
1.868	9.978 273 377 057	145 177 045	305 078	206
1.869	9.978 418 554 102	145 482 123	304 872	205
1.870	9.978 564 036 225	145 786 995	304 667	209
1.871	9.978 709 823 220	146 091 662	304 458	205
1.872	9.978 855 914 882	146 396 120	304 253	207
1.873	9.979 002 311 002	146 700 373	304 046	206
1.874	9.979 149 011 375	147 004 419	303 840	205
1.875	9.979 296 015 794	147 308 259	303 635	205
1.876	9.979 443 324 053	147 611 894	303 430	206
1.877	9.979 590 935 947	147 915 324	303 224	203
1.878	9.979 738 851 271	148 218 548	303 021	206
1.879	9.979 887 069 819	148 521 569	302 815	203
1.880	9.980 035 591 388	148 824 384	302 612	205

a	*log Γ(a)*	*diff I*	*II*	*III*
1.881	9.980 184 415 772	149 126 996	302 407	203
1.882	9.980 333 542 768	149 429 403	302 204	203
1.883	9.980 482 972 171	149 731 607	302 001	204
1.884	9.980 632 703 778	150 033 608	301 797	202
1.885	9.980 782 737 386	150 335 405	301 595	203
1.886	9.980 933 072 791	150 637 000	301 392	203
1.887	9.981 083 709 791	150 938 392	301 189	201
1.888	9.981 234 648 183	151 239 581	300 988	202
1.889	9.981 385 887 764	151 540 569	300 786	201
1.890	9.981 537 428 333	151 841 355	300 585	203
1.891	9.981 689 269 688	152 141 940	300 382	199
1.892	9.981 841 411 628	152 442 322	300 183	202
1.893	9.981 993 853 950	152 742 505	299 981	200
1.894	9.982 146 596 455	153 042 486	299 781	200
1.895	9.982 299 638 941	153 342 267	299 581	200
1.896	9.982 452 981 208	153 641 848	299 381	201
1.897	9.982 606 623 056	153 941 229	299 180	197
1.898	9.982 760 564 285	154 240 409	298 983	202
1.899	9.982 914 804 694	154 539 392	298 781	196
1.900	9.983 069 344 086	154 838 173	298 585	201
1.901	9.983 224 182 259	155 136 758	298 384	197
1.902	9.983 379 319 017	155 435 142	298 187	199
1.903	9.983 534 754 159	155 733 329	297 988	197
1.904	9.983 690 487 488	156 031 317	297 791	199
1.905	9.983 846 518 805	156 329 108	297 592	196
1.906	9.984 002 847 913	156 626 700	297 396	198
1.907	9.984 159 474 613	156 924 096	297 198	195
1.908	9.984 316 398 709	157 221 294	297 003	199
1.909	9.984 473 620 003	157 518 297	296 804	196
1.910	9.984 631 138 300	157 815 101	296 608	195
1.911	9.984 788 953 401	158 111 709	296 413	197
1.912	9.984 947 065 110	158 408 122	296 216	195
1.913	9.985 105 473 232	158 704 338	296 021	195
1.914	9.985 264 177 570	159 000 359	295 826	196
1.915	9.985 423 177 929	159 296 185	295 630	194
1.916	9.985 582 474 114	159 591 815	295 436	195
1.917	9.985 742 065 929	159 887 251	295 241	194
1.918	9.985 901 953 180	160 182 492	295 047	195
1.919	9.986 062 135 672	160 477 539	294 852	193
1.920	9.986 222 613 211	160 772 391	294 659	194

a	*log Γ(a)*	*diff I*	*II*	*III*
1.921	9.986 383 385 602	161 067 050	294 465	193
1.922	9.986 544 452 652	161 361 515	294 272	193
1.923	9.986 705 814 167	161 655 787	294 079	194
1.924	9.986 867 469 954	161 949 866	293 885	191
1.925	9.987 029 419 820	162 243 751	293 694	194
1.926	9.987 191 663 571	162 537 445	293 500	191
1.927	9.987 354 201 016	162 830 945	293 309	192
1.928	9.987 517 031 961	163 124 254	293 117	192
1.929	9.987 680 156 215	163 417 371	292 925	192
1.930	9.987 843 573 586	163 710 296	292 733	189
1.931	9.988 007 283 882	164 003 029	292 544	194
1.932	9.988 171 286 911	164 295 573	292 350	188
1.933	9.988 335 582 484	164 587 923	292 162	191
1.934	9.988 500 170 407	164 880 085	291 971	191
1.935	9.988 665 050 492	165 172 056	291 780	190
1.936	9.988 830 222 548	165 463 836	291 590	188
1.937	9.988 995 686 384	165 755 426	291 402	192
1.938	9.989 161 441 810	166 046 828	291 210	187
1.939	9.989 327 488 638	166 338 038	291 023	191
1.940	9.989 493 826 676	166 629 061	290 832	187
1.941	9.989 660 455 737	166 919 893	290 645	189
1.942	9.989 827 375 630	167 210 538	290 456	188
1.943	9.989 994 586 168	167 500 994	290 268	189
1.944	9.990 162 087 162	167 791 262	290 079	188
1.945	9.990 329 878 424	168 081 341	289 891	186
1.946	9.990 497 959 765	168 371 232	289 705	188
1.947	9.990 666 330 997	168 660 937	289 517	187
1.948	9.990 834 991 934	168 950 454	289 330	188
1.949	9.991 003 942 388	169 239 784	289 142	185
1.950	9.991 173 182 172	169 528 926	288 957	187
1.951	9.991 342 711 098	169 817 883	288 770	185
1.952	9.991 512 528 981	170 106 653	288 585	187
1.953	9.991 682 635 634	170 395 238	288 398	187
1.954	9.991 853 030 872	170 683 636	288 211	185
1.955	9.992 023 714 508	170 971 847	288 026	185
1.956	9.992 194 686 355	171 259 873	287 841	184
1.957	9.992 365 946 228	171 547 714	287 657	185
1.958	9.992 537 493 942	171 835 371	287 472	184
1.959	9.992 709 329 313	172 122 843	287 288	185
1.960	9.992 881 452 156	172 410 131	287 103	184

a	*log Γ(a)*	*diff I*	*II*	*III*
1.961	9.993 053 862 287	172 697 234	286 919	184
1.962	9.993 226 559 521	172 984 153	286 735	183
1.963	9.993 399 543 674	173 270 888	286 552	184
1.964	9.993 572 814 562	173 557 440	286 368	183
1.965	9.993 746 372 002	173 843 808	286 185	183
1.966	9.993 920 215 810	174 129 993	286 002	183
1.967	9.994 094 345 803	174 415 995	285 819	182
1.968	9.994 268 761 798	174 701 814	285 637	182
1.969	9.994 443 463 612	174 987 451	285 455	182
1.970	9.994 618 451 063	175 272 906	285 273	182
1.971	9.994 793 723 969	175 558 179	285 091	182
1.972	9.994 969 282 148	175 843 270	284 909	180
1.973	9.995 145 125 418	176 128 179	284 729	183
1.974	9.995 321 253 597	176 412 908	284 546	179
1.975	9.995 497 666 505	176 697 454	284 367	182
1.976	9.995 674 363 959	176 981 821	284 185	181
1.977	9.995 851 345 780	177 266 006	284 004	178
1.978	9.996 028 611 786	177 550 010	283 826	181
1.979	9.996 206 161 796	177 833 836	283 645	181
1.980	9.996 383 995 632	178 117 481	283 464	177
1.981	9.996 562 113 113	178 400 945	283 287	182
1.982	9.996 740 514 058	178 684 232	283 105	177
1.983	9.996 919 198 290	178 967 337	282 928	181
1.984	9.997 098 165 627	179 250 265	282 747	176
1.985	9.997 277 415 892	179 533 012	282 571	181
1.986	9.997 456 948 904	179 815 583	282 390	176
1.987	9.997 636 764 487	180 097 973	282 214	180
1.988	9.997 816 862 460	180 380 187	282 034	176
1.989	9.997 997 242 647	180 662 221	281 858	179
1.990	9.998 177 904 868	180 944 079	281 679	177
1.991	9.998 358 848 947	181 225 758	281 502	176
1.992	9.998 540 074 705	181 507 260	281 326	179
1.993	9.998 721 581 965	181 788 586	281 147	174
1.994	9.998 903 370 551	182 069 733	280 973	179
1.995	9.999 085 440 284	182 350 706	280 794	175
1.996	9.999 267 790 990	182 631 500	280 619	176
1.997	9.999 450 422 490	182 912 119	280 443	176
1.998	9.999 633 334 609	183 192 562	280 267	176
1.999	9.999 816 527 171	183 472 829	280 091	175
2.000	9.000 000 000 000	183 752 920	279 916	175

Berichtigungen.

Seite 5 Formel (8) statt $x^{\mu \;\; 1}$ l. $x^{\mu-1}$.
„ 8 „ (1) „ $dr =$ l. $dx =$.
„ 34 Zeile 3 v. u. statt $\int_0^{\mu}$ l. $\int_0^{\alpha}$.
„ 40 Formel (2) statt $3-\mu$ l. $3+\mu$.
Ebendas. sind Z. 8 v. u. zwischen „sich“ und „unbestimmte Form“ die Worte „unter die“ einzuschalten.
„ 54 Z. 2 v. u. statt $+x^2$ l. $+Cx^2$.
„ 67 Formel (8) statt $(a+bi)x$ l. $-(a+bi)x$.
„ 102 Z. 8 v. o. statt $\Psi(a, \varkappa)$ l. $\Phi(a, \varkappa)$.
„ 105 Z. 5 v. o. statt $x+st$ l. $x=st$.
„ 109 Z. 7 v. o. statt $\varkappa$ l. 2.
„ 116 Formel (8) statt $\beta^2 x^2 \vartheta^2$ l. $\beta^2 \varkappa^2 \vartheta^2$.
„ 122 Z. 2 v. o. statt $\sin(b+a)$ u. $\sin(b-a)$ l. $\sin(b+a)t$ u. $\sin(b-a)t$.

www.ingramcontent.com/pod-product-compliance
Lightning Source LLC
Chambersburg PA
CBHW020834210326
41598CB00019B/1893
* 9 7 8 3 9 5 5 6 2 1 2 6 1 *